Rangasamy Parthiban

Estudos de transferência de calor e massa em diferentes materiais de couro

Rangasamy Parthiban

Estudos de transferência de calor e massa em diferentes materiais de couro

Vácuo, câmara, natural e secagem em túnel

ScienciaScripts

Imprint
Any brand names and product names mentioned in this book are subject to trademark, brand or patent protection and are trademarks or registered trademarks of their respective holders. The use of brand names, product names, common names, trade names, product descriptions etc. even without a particular marking in this work is in no way to be construed to mean that such names may be regarded as unrestricted in respect of trademark and brand protection legislation and could thus be used by anyone.

Cover image: www.ingimage.com

This book is a translation from the original published under ISBN 978-3-8443-9912-7.

Publisher:
Sciencia Scripts
is a trademark of
Dodo Books Indian Ocean Ltd. and OmniScriptum S.R.L publishing group

120 High Road, East Finchley, London, N2 9ED, United Kingdom
Str. Armeneasca 28/1, office 1, Chisinau MD-2012, Republic of Moldova, Europe
Printed at: see last page
ISBN: 978-620-3-16816-7

CAPÍTULO 1

INTRODUÇÃO

1.1   HISTÓRIA DO COURO

Os nossos antepassados pré-históricos tinham muito pouca escolha de vestuário. Algumas peças de vestuário improvisadas feitas a partir das folhas de planos gigantes. Outros usavam as peles de animais mortos para se alimentarem.

Uma das armas mais eficazes utilizadas por estes primeiros caçadores foi feita a partir de couro. Esta era a 'bolas', feita ligando três pedras, envolvidas em sacos de pele, umas às outras com tangas de couro. A 'bolas', que ainda hoje é utilizada pelos índios do Sul - foi atirada às pernas de um animal para o abater, para que pudesse ser tacoado ou lançado à morte.

Os cientistas estimam que os abetos usavam peles de animais durante a Idade do Loc, há cerca de 500.000 anos atrás. Arqueólogos encontraram raspadores de pedra datados desse período que podem ter sido utilizados para raspar a carne das peles de animais.

Sobretudos cruas de couro deram alguma protecção contra os ventos frios e a chuva dos tempos pré-históricos. Os sapatos grosseiros protegiam a sensação dos povos da Idade da Pedra de rochas e espinhos, mas as peles e couros usados pelos povos daqueles dias tinham um grande inconveniente - apodreciam e apodreciam num espaço de tempo muito curto.

Com o passar dos séculos, foram desenvolvidos vários métodos para que as peles e os couros durassem mais tempo. Foram colocadas sobre troncos e o pêlo e a carne removidos com ferramentas afiadas e curvadas feitas a partir de ferramentas afiadas e curvadas feitas a partir de ossos de animais. As peles eram então paginadas ao sol para secar.

Os cérebros de animais foram esfregados neles para os tornar novamente macios. Substâncias gordas no cérebro oleosas tornaram a amolecer novamente. As substâncias gordas no cérebro olearam as peles, tornaram-nas macias e os cérebros olearam as peles, tornaram-nas macias e proporcionaram uma boa quantidade de resistência à água.

No entanto, estas peças de vestuário não poderiam ter sido demasiado alugadas para serem usadas. Outro método era fumar as peles sobre uma fogueira de combustão lenta. Estes processos não convertiam as peles em verdadeiros processos, congelem o período de tempo em que podiam ser utilizados.

1.2 PELE E CABELO

Esconde : A cobertura exterior de um tipo de pele adulta de grande porte é denominada "Esconde" ou peles pesadas provenientes de grandes animais adultos, tais como bois, gado, cavalos, camelos, elefantes, etc. são denominados "Esconde".

Pele : O revestimento exterior de um animal de espécies menores é denominado "pele" ou, peles leves como as de pequenos animais como cabras ou, ovelhas, ou de animais imaturos como vitelos são referidas na indústria do couro como "pele". Mais exemplos são, Crocodilos, jacarés, caimões, tartarugas, lagartos, cobras, bullifrog, muitas peles de peixe estão neste grupo como diferentes tubarões, arraias, focas, diferentes golfinhos, palaco-de-bacalhau, laddocd, etc.

1.3 DIFERENÇA POR PESO ENTRE COUROS E PELES

Uma pele é simplesmente uma pequena pele e, no caso do gado, uma pele com peso inferior a 15lbs no estado verde salgado é chamada pele de bezerro. Quando pesa de 15 a 25, chama-se um kip. Quando pesa de 25 a 3o Lbs, chama-se um kip com peso acima do normal. Quando pesa mais de 53 libras, a vaca de tosse.

1.4 LEATHER

O couro é colagénio no estado bronzeado, Por este é um termo que é processado através da conversão de revestimentos exteriores putrescíveis de animais em substâncias não putrescíveis com propriedades físicas, químicas e biológicas definidas para que possam ser utilizadas na nossa vida diária e nas nossas indústrias.

O couro é material feito sobre pele animal que é submetido a tratamento químico (curtume) e tratamento mecânico de modo a dar-lhe novas propriedades orientadas para a aplicação pretendida. Este tratamento não afecta, contudo, a estrutura natural da rede de fibras de colagénio.

Couro num material não uniforme constituído por uma rede de fibras de colagénio, materiais de curtimento, gordura, tingimento e humidade. Para o fabrico de couro várias operações são essenciais, estas operações podem ser classificadas em três grupos. Estas são

    i.   Operações de pré-curtimenta ou de mangueira de feixe.

    ii.   Operações de bronzeamento.

    iii. Pós-bronzeamento.

1.5 SECAGEM DE COUROS

O couro é um bem económico importante. O comércio global de couro e produtos de couro é de cerca de 70 mil milhões de dólares por ano. O toque do couro decide invariavelmente a qualidade do couro. A taxa e o modo de secagem alteram significativamente as propriedades físico-mecânicas do couro. Tipicamente, no fabrico de couros húmidos com cerca de 70% de humidade, os couros são submetidos a uma operação mecânica de espremedura, samming, para remoção de água livremente retida antes de serem submetidos a processos de secagem convencionais para produzir couros com 15- 20% de humidade. A secagem por suspensão de couros molhados em ganchos num barracão com fluxo natural de ar é uma prática estabelecida no fabrico de couros. Uma sala cheia de ar só pode conter uma certa quantidade de água evaporada das peles, e quando este limite é atingido, não pode ocorrer mais secagem, a menos que

a) A sala é ventilada por ventiladores para que o ar húmido seja expelido e substituído por ar fresco e seco; ou

b) A temperatura da sala é aumentada.

O ar a 50 ^{oC} conterá dez vezes mais água do que o ar a 10 ^{oC}, e portanto pode ocorrer mais secagem. Além disso, a água evaporará mais rapidamente se algum calor for aplicado à pele. A secagem mais eficiente é obtida pela utilização de túneis de secagem bem concebidos e fogões, especialmente se estes tiverem uma circulação de ar adequada e controlos de temperatura e humidade. Isto é conhecido como secagem por ar quente.

No entanto, o tempo de secagem mais longo e a dependência da estação forçaram os curtidores a adoptar um dos seguintes sistemas, como a secagem por vácuo seguida de secagem por gancho em condições ambientais ou secagem por vácuo seguida de secagem por ar quente. A secagem a vácuo tornou-se um dos métodos de secagem mais populares nos últimos anos para o fabrico de couro.

Em comparação com a secagem convencional por ar, a secagem por vácuo é muito mais rápida. Desidrata o couro em poucos minutos sob um alto vácuo. Na secagem a vácuo o couro é colocado sobre uma placa metálica aquecida coberta com uma campânula hermética, formando uma câmara de vácuo. A pressão da câmara é reduzida para menos de 200 torr, baixando assim drasticamente o ponto de ebulição da água. Assim, a água no couro evapora e é removida sob a forma de vapor quente em poucos minutos. No entanto, a secagem a vácuo não pode ser utilizada apenas para secar as peles a 15-20% de humidade, uma vez que o toque das peles seria alterado negativamente. Assim, a secagem por vácuo é utilizada apenas para acelerar a secagem e sempre seguida de secagem natural ambiente ou secagem por ar quente. A secagem por pasta, um dos métodos populares de secagem de peles de répteis, também não é adoptado comercialmente de forma generalizada para outros tipos de peles. Na secagem em pasta, uma placa de vidro é coberta com uma fina pasta de amido e a pele molhada é cortada sobre esta, lado do grão ao vidro, ao qual adere, evitando assim o encolhimento na secagem. As placas de vidro e o couro são transportados sobre os carris superiores através de um longo túnel de secagem. Os ventiladores circulam o ar à volta das paredes ocas e do tecto e depois através da face do couro. A humidade e a temperatura podem ser controladas automaticamente, nestes túneis. Uma vez que o método é de trabalho intensivo e apenas para couros mais firmes, o método não é amplamente praticado.

Após o tingimento e liquefacção da gordura, o couro está pronto a secar. A pele foi curtida. A matéria corante (corante) e o lubrificante estão em contacto íntimo com as fibras logo após o curtimento e o couro contém entre 60-70% de água. A maior parte desta água é removida através de slicking (à mão) ou colocação para fora (por m/c) e depois as peles são colocadas no lado do grão, quer à mão quer à máquina.

O tingimento e a liquefacção da gordura são o último processo húmido no curtume.

A secagem facilita

1) Processamento posterior como polimento e acabamento

2) Permite a utilização satisfatória do produto final no fabrico de artigos de couro e calçado

3) Previne danos por microrganismos

4) Previne a migração de produtos químicos no couro

5) É possível armazenar o couro seco durante muito tempo sem danos apreciáveis.

A secagem adequada e o manuseamento mecânico estão entre as operações mais vitais. A secagem era anteriormente considerada como uma operação a ser feita rápida e barata sem considerar o estado atmosférico e sem alterar as taxas de secagem. A maioria das vezes os curtidores secavam os couros em túneis de secagem equipados com ventiladores para fazer circular o ar e as serpentinas de aquecimento para aumentar a temperatura sempre que o couro se recusava a secar a um ritmo razoável. É tardio que a importância da operação de secagem tenha sido percebida. Se os couros secassem demasiado depressa, encolhiam para áreas mais pequenas, tornavam-se ásperos e excitados devido ao endurecimento das caixas e muito distorcidos na sua forma. Estes efeitos foram parcialmente superados através da humedecimento do couro após a secagem, flexionando-o através de estacas e depois colando-o sobre tábuas para secar novamente em condições lisas e prolongadas.

Por outro lado, os couros secos lentos apresentam geralmente um crescimento lento de fungos e de bolor na superfície devido à oxidação dos taninos, os couros curtidos vegetais ficam geralmente de cor escura. Estas dificuldades não são tão pronunciadas no caso das peles, mas é preciso ter muito cuidado durante a secagem de peles pesadas, especialmente quando são curtidas de vegetais.

<table>
<tr><td colspan="3">Quadro 1.1.   Méritos e deméritos de diferentes sistemas de secagem</td></tr>
<tr><th>Método de secagem</th><th>Méritos</th><th>Deméritos</th></tr>
<tr>
<td>Secagem ao ar natural</td>
<td><ul><li>Barato</li><li>Qualidade uniforme do couro</li></ul></td>
<td><ul><li>Tempo de secagem muito longo</li><li>Dependente da estação do ano</li><li>Grande necessidade de espaço</li><li>Intensivo de trabalho</li></ul></td>
</tr>
<tr>
<td>Secagem por vácuo</td>
<td><ul><li>Desidratação acelerada</li><li>Melhoria das características dos grãos</li></ul></td>
<td><ul><li>Intensivo em termos energéticos</li><li>Requisitos adicionais de infra-estruturas para geração de vácuo e vapor</li><li>Só é possível uma desidratação parcial, tem de ser associada a outros métodos de secagem</li><li>Não adequado para couros como o camurça</li></ul></td>
</tr>
<tr>
<td>Secagem por ar quente</td>
<td><ul><li>Tempo de secagem mais rápido</li><li>Adequado para todos os tipos de peles</li></ul></td>
<td><ul><li>Intensivo em termos energéticos</li><li>Maiores requisitos de espaço</li><li>Intensivo de trabalho</li><li>Possível variação na qualidade do couro</li><li>Possíveis perdas de área</li></ul></td>
</tr>
<tr>
<td>Secagem por pasta</td>
<td><ul><li>Tempo de secagem mais rápido</li><li>Melhoria das características dos grãos</li><li>Maior rendimento de área</li></ul></td>
<td><ul><li>Intensivo de trabalho</li><li>Não adequado para todas as peles</li></ul></td>
</tr>
<tr>
<td>Secagem por micro-ondas</td>
<td><ul><li>Tempo de secagem mais rápido</li><li>Melhoria das características do couro</li></ul></td>
<td><ul><li>Possíveis danos das fibras devido a sobreaquecimento localizado e distribuição não uniforme de energia</li><li>Custo de capital elevado</li><li>Menor profundidade de penetração da energia de microondas limitando uma aplicação mais ampla</li></ul></td>
</tr>
<tr>
<td>Secagem RF</td>
<td><ul><li>Tempo de secagem mais curto</li><li>Melhoria das características do couro</li><li>O factor de perda evita o sobreaquecimento localizado</li></ul></td>
<td>- Custo de capital elevado</td>
</tr>
</table>

A operação de secagem pareceu tão simples que foi superada, mesmo quando foi a única

causa de defeitos em couro de outra forma bom. O advento do curtimento ao cromo fez com que os curtidores tomassem consciência do facto de que condições de secagem inadequadas e manuseamento mecânico incorrecto do stock durante a secagem podem arruinar completamente o couro de outro modo perfeito.

Os diferentes tipos de secagem e os seus méritos e deméritos são apresentados no quadro 1.1.

CAPÍTULO 2

REVISÃO BIBLIOGRÁFICA

2.1 SECAGEM DE COURO CURTIDO AO CROMO

Os couros curtidos ao cromo após a secagem eram tão duros e estanhados, que não podiam ser estacados sem danificar o couro. Foi considerado necessário humedecer o couro com água e deixá-lo condicionar durante um dia ou mais antes de poder ser estacado e tornado suficientemente flexível. O couro curtido ao cromo encolheu em grande medida ao secar. Pendurar o couro em armações e secagem impediu o encolhimento, mas ao romper as fibras até uma extensão que torna o couro acabado solto. Foi considerado melhor pendurar o couro para secar sem tensão e depois humedecê-lo, empilhando-o em pó de serra húmido durante um dia ou mais, depois estacioná-lo para o tornar flexível e depois retirá-lo para a secagem final.

Os curtidores estão geralmente a utilizar túneis de secagem. Isto facilita o controlo da taxa de secagem, controlando a taxa de fluxo de ar e a sua circulação através do stock e também a temperatura e humidade relativa do ar que entra e sai. Verificou-se que se o teor crítico de água for de 35%, as fibras não são fortemente cobertas. Mas como o teor de água é reduzido abaixo dos 34%, verifica-se que as fibras variam com um vigor crescente.

Quando o couro tiver secado completamente, as fibras estão fortemente unidas, pelo que qualquer tentativa de as separar por flexão resultará na ruptura efectiva das fibras. Durante a secagem do couro curtido ao cromo, este sofre uma retracção considerável em volume e esta secagem é grandemente aumentada pela coesão das fibras. O couro torna-se finalmente muito denso, duro e minúsculo.

Antes que o couro possa ser feito para servir qualquer propósito útil, esta coesão de fibras deve ser reduzida. Daí a necessidade de humedecer as peles com água, de volta a um teor de água de cerca de 34%. Com este teor de água, as fibras podem ser separadas pela acção de flexão da máquina de estacar sem romper as fibras. O método mais fácil e comum de molhar de volta a um teor de humidade de 34% é por serragem de pó. Após a serragem, o couro foi estacado e antes de terem a possibilidade de secar muito contendo 34% de humidade, são amassadas em tábuas para que sequem em condições suaves e prolongadas.

2.2   SECAGEM E EVAPORAÇÃO

O termo secagem refere-se à remoção de uma quantidade relativamente pequena de água de material sólido ou sólido próximo. O termo evaporação é limitado à remoção de uma quantidade relativamente grande de água da solução. Na secagem, a ênfase é normalmente colocada no produto sólido. Na maioria dos casos, a secagem envolve a remoção de água a uma temperatura abaixo do seu ponto de ebulição, onde como evaporação significa a remoção de água através da fervura de uma solução. Na evaporação, a água é removida do material como vapores de água praticamente puros. Na secagem, por outro lado, a água é removida por circulação de ar ou algum outro gás sobre o material, a fim de transportar os vapores de água. Para o processo de transferência de calor sob pressão constante

$Q = M\ Cp\ At + ML,$

whereM=   Massa de água =1kg ,

Cp=calor específico   da água =1,

A = Temperatura = $100\ ^{oC}$

L=Calor latente   de vaporização= 540Kcal/kg

2.3.   CONCEITOS IMPORTANTES NA SECAGEM

2.3.1. Teor de humidade do equilíbrio

Suponha que um sólido húmido é posto em contacto com um fluxo de ar, de temperatura e humidade constantes, em quantidades tais que as propriedades do fluxo de ar se mantêm constantes, e que a exposição é suficientemente longa para que se atinja o equilíbrio. Em tal caso, o sólido atingirá um teor de humidade definido que se manterá inalterado devido a uma maior exposição a esse mesmo ar. Isto é conhecido como o teor de humidade de equilíbrio do material de couro.

2.3.2 Período de taxa de secagem constante

Durante este período de secagem constante, a superfície do couro permanece completamente húmida. A taxa de evaporação é portanto, independente do couro, e a taxa de secagem é essencialmente equivalente à taxa de evaporação da superfície de uma camada de água sobre sólido presente. A temperatura da superfície do couro permanece quase igual à temperatura do bolbo húmido, desde que não haja radiação de calor para o couro de outras fontes. Durante este período de taxa constante é estabelecido um equilíbrio dinâmico entre a taxa de transferência de calor para o couro e a taxa de remoção de vapor da superfície do couro. Na secagem do couro, especialmente da pele, a secagem a taxa constante não desempenha qualquer papel significativo, porque a água livre é removida por fixação, escorregamento, etc. Portanto, a secagem do couro realiza-se principalmente no período de queda da taxa.

2.3.3 Taxa de queda do período

No final do período de taxa constante, a superfície de couro não contém qualquer água não ligada e, portanto, a pressão de vapor cai, em resultado da qual a taxa de secagem desce. Neste estado, o couro contém apenas água encadernada e esse é o teor crítico de humidade do couro.

Se o teor de humidade de equilíbrio não for alcançado para as condições do ar utilizado, uma parte desta água ligada é a água livre e pode ser removida sem alterar as condições do ar. Nesta fase de secagem, a superfície do couro não permanece uniformemente húmida. Este período de secagem é conhecido como período de queda.

Desta forma, a secagem continua até que o teor de humidade de equilíbrio seja alcançado e após o que a secagem pára completamente, mesmo que a velocidade do ar seja aumentada. Este é o fim da primeira taxa de queda.

Assim, a segunda taxa de queda começa, continua até que a humidade de equilíbrio para nova temperatura e humidade do ar seja atingida. Desta forma, o couro é seco através da primeira, segunda, terceira, etc. taxa de queda com aumento gradual da temperatura do ar.

2.3.4   Teor crítico de humidade

O teor de humidade existente no final do período de taxa constante é chamado de teor crítico de humidade. Neste ponto, o movimento do líquido para a superfície sólida torna-se insuficiente para substituir o líquido que está a ser evaporado. Portanto, o teor crítico de humidade depende da facilidade do movimento de humidade através do sólido, e portanto da estrutura de poros do sólido em relação à taxa de secagem.

2.4   TAXA DE CURVAS DE SECAGEM

Se o teor de humidade do couro for traçado contra o tempo de secagem, (Figura 2.1) obtém-se uma curva que explica claramente que o teor de humidade desce com o tempo de secagem.

Quando este teor de humidade for diferenciado em relação ao tempo de secagem, obteremos a taxa de secagem. Se esta taxa de secagem for traçada em função do teor de humidade ou do tempo, obtém-se a seguinte curva.

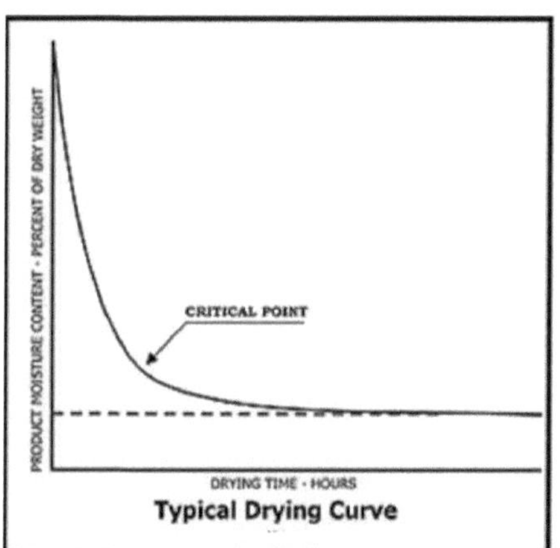

Figura 2.1: Tempo vs. Teor de humidade em base seca

Da figura 2.2 é claro que o processo de secagem não é um processo contínuo suave no qual um único mecanismo controla ao longo de todo o processo. A porção BC representa a zona de secagem constante que continua enquanto houver água sem limites no couro depois disto, a taxa de secagem cai gradualmente e isso é representado pela porção CD. O teor de humidade no material no ponto C é conhecido como teor crítico de humidade. A porção AB representa o calor inicial

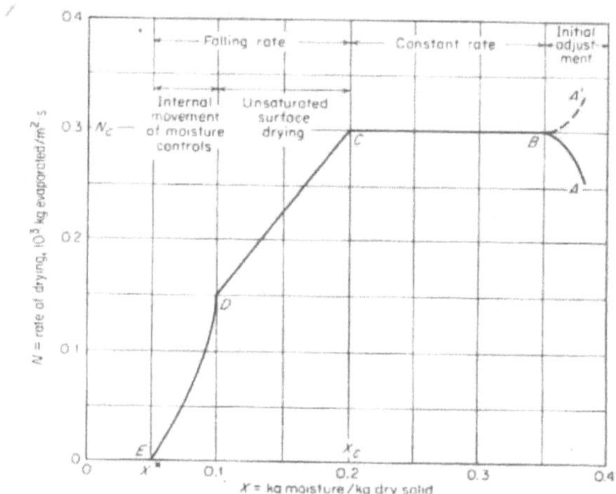

Figura 2. **2Conteúdo de elevação** **vs. taxa de secagem**

14

CAPÍTULO 3

TEORIA DOS SECADORES

3.1. A DESUMIDIFICAÇÃO OU SECAGEM EM CÂMARA DO COURO

Desumidificar o ar circulante utilizando o princípio da "bomba de calor" é agora secar comercialmente o couro de forma económica e eficiente.

3.1.1. O princípio da Bomba de Calor

Uma bomba de calor é um dispositivo, (figura 3.1) que retira o calor existente de uma área e entrega-o a outra área a uma temperatura mais elevada. No aquecimento de um edifício, uma bomba de calor absorve o calor do exterior do edifício e entrega-o no interior. As bombas de calor podem ser utilizadas

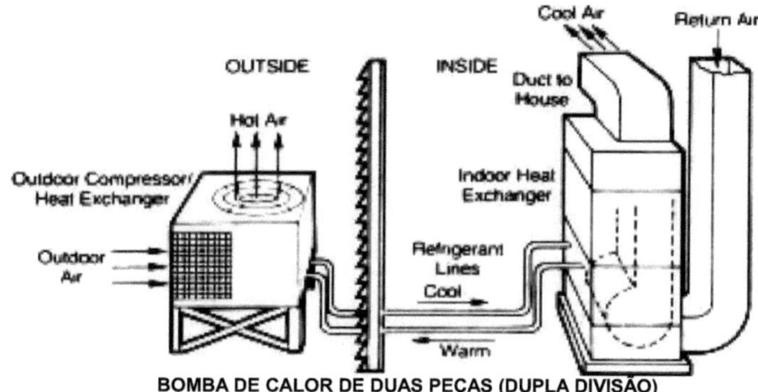

Figura 3.1 Bomba de calor de duas peças

tanto para refrigeração como para aquecimento. No sistema de desumidificação para a secagem
do couro
são utilizados tanto para o arrefecimento
como para o aquecimento. O ar é arrefecido para o desumidificar, sendo depois reaquecido com o
próprio calor
removido quando foi arrefecido. Isto recicla continuamente a energia.

## 3.2.	SECAGEM DE VÁCUO

### 3.2.1.	Descrição técnica

Existem vários sistemas diferentes de secagem a vácuo, mas, a única coisa que têm em comum, é a capacidade de operar a pressões sub-atmosféricas. O nível de vácuo gerado varia com os sistemas específicos, mas está geralmente na gama de 50 a 200 barras de moinho (mbar). Uma das vantagens obtidas no funcionamento em vácuo é a temperatura mais baixa a que a água ferve. Ao funcionar no vácuo (com muito pouco oxigénio presente) e a uma temperatura mais baixa, há consideravelmente menos potencial para manchas.

A principal razão para uma secagem mais rápida num sistema de vácuo são os gradientes de pressão que são criados entre o núcleo e o exterior de uma tábua. Este gradiente de pressão é muito eficaz para mover a humidade (especialmente a água livre) do núcleo para a superfície. Isto tem um efeito significativo na taxa de secagem em todas as direcções, mas especialmente através do grão final.

O ponto de ebulição da água é reduzido à medida que a pressão sobre ela é reduzida. Por esta razão, a taxa de evaporação da água de uma superfície húmida é acelerada, se o sistema estiver sob pressão reduzida ou vácuo parcial. Este princípio foi aplicado aos secadores a vácuo para reduzir o tempo de secagem e para reter as propriedades dos materiais de secagem, que são susceptíveis à temperatura.

O tempo de secagem depende de muitos factores como espessura do couro, natureza do curtimento adoptado, temperatura de secagem, extensão do vácuo aplicado, eficiência na remoção do vapor de água da superfície de secagem, etc. Actualmente, os secadores a vácuo são utilizados apenas para secar peles e couros. Outra vantagem é que o sistema de secagem a vácuo não depende das condições atmosféricas.

No método de secagem a vácuo, a água no couro recebe calor do lado do grão e a evaporação tem lugar através do lado da carne do couro. A transferência de massa, se houver, ocorre assim em direcção ao lado da carne, pelo que o couro não se pode tornar crepitante por esta razão. A pressão exercida pelo tapete de feltro sobre o couro contra a superfície do fundo liso polido e metálico quente durante o processo torna a superfície do grão lisa e evita o encolhimento da área do couro.

O vapor de água, formado durante a secagem, é aspirado por uma potente bomba de vácuo através do tapete de feltro e é depois forçado através de um condensador para condensação rápida em água líquida. Devido a essa condensação de vapor de água em água líquida, é criado um vácuo adicional que depois reduz a carga na bomba de vácuo.

3.3.   SECAGEM NATURAL/ SECAGEM ABERTA

Na maior parte dos curtumes, estão a utilizar esta técnica apenas seguida. Este processo é demorado, mas é económico. Não há necessidade de energia e requer mais trabalho de parto.

A taxa de secagem natural depende da taxa de secagem:

1. Temperatura

2. Velocidade do ar

Em comparação com métodos de secagem a alta temperatura, a gás, secagem a ar natural:

- Requer menos equipamento.

- Requer menos mão-de-obra.

- Utiliza menos unidades de energia comprada por unidade de água removida. A secagem

  por ar natural tem desvantagens que limitam a sua utilidade para alguns produtores.

3.4   TUNNEL DRYING

A secagem em túnel é semelhante à secagem em câmara. A conduta de reciclagem está
ausente no secador de túnel. Portanto, não há reciclagem de ar.

3.5   PROPRIEDADE DOS COUROS

As principais propriedades do couro são

> Resistência à tracção

> Resistência ao rasgamento da língua

> Força de fissura do grão

> Resistência dos pontos

> Retenção de área (%)

3.5.1 RESISTÊNCIA À TRACÇÃO

A resistência à tracção indica a resistência global do couro. Esta propriedade do couro é
agora determinada quantitativamente com um instrumento chamado *"Tensile strength tester "*.

As duas extremidades do espécime de couro são fixadas a duas mandíbulas da máquina
que estão uma acima da outra. Destas duas mandíbulas, uma é fixa e a outra é móvel por motor
eléctrico. Quando o maxilar móvel se afasta do maxilar fixo, a amostra de couro é esticada e a
força exercida sobre o maxilar fixo e a sua resistência à tracção é mostrada num mostrador.

3.5.2   COMPRIMENTO DE RASGAMENTO DA LÍNGUA

O teste de rasgamento da língua é um teste de rasgamento simples onde o rasgamento ocorre através da região mais fraca da amostra de couro. Um furo de 5mm de diâmetro é perfurado num ponto situado a um terço do comprimento da amostra. A amostra de couro é então cortada em duas línguas em ângulo recto em relação à superfície do grão durante dois terços do seu comprimento. As extremidades das duas línguas assim formadas são presas às duas mandíbulas do testador de resistência à tracção. A carga necessária para continuar o rasgamento é registada e a sua resistência ao rasgamento da língua é mostrada num mostrador da máquina.

3.5.3   RESISTÊNCIA À FISSURA DO GRÃO

A força da fenda do grão pode ser determinada pelo instrumento chamado Lastometer. Uma amostra circular de couro é fixada horizontalmente ao dispositivo de aperto do instrumento com um anel metálico circular para uma pega e um parafuso. A parte central do couro sob a forma de um círculo de 25mm de diâmetro permanece livre de ambos os lados. O espécime de couro é sempre fixado com o lado do grão para cima. A carga é aplicada directamente no centro do lado da carne inferior da amostra de couro livre circular, presa ao instrumento, com uma bola redonda no topo de uma haste que é levantada por rotação da manipulação do instrumento. A carga necessária para rachar o grão e a sua resistência à rachadura do grão são anotadas a partir dos mostradores.

3.5.4   RESISTÊNCIA AO RASGAMENTO DOS PONTOS

O método dos furos duplos é geralmente utilizado para determinar a resistência ao rasgamento dos pontos. Dois furos, cada um com 2mm de diâmetro são perfurados a uma distância de 6mm de uma extremidade de 25mm de comprimento do espécime. A distância entre os centros dos dois furos deve também ser de 6mm e os dois devem estar à equidistância da linha central, paralela às bordas de 50mm de comprimento da amostra. A espessura média da amostra é determinada na área do couro de 6mm de comprimento em toda a sua largura de 25mm. Um fio de aço macio de 1mm de diâmetro com cerca de 10mm de comprimento e dobrado em forma de U, é introduzido nos orifícios do lado do grão de tal forma que as duas extremidades do fio se projectam a partir dos dois orifícios respectivamente do lado da carne. As extremidades projectadas do arame enroladas e fixadas a uma mandíbula da máquina de ensaio de resistência à tracção. A outra extremidade do espécime de couro é presa a outra mandíbula da máquina. A máquina é executada e a carga de rasgamento e a sua resistência ao rasgamento dos pontos é anotada no mostrador da máquina.

3.5.5 RETENSÃO DA ÁREA

A retenção de área é calculada a partir da fórmula

$$A.R = A/Ao \times 100$$

A = Área obtida após o processo de piquetagem e

$A0$ = Área inercial de couro

CAPÍTULO 4

MATERIAIS E MÉTODOS

4.1   SECAGEM DE VÁCUO

O couro de vários animais tais como vaca, búfalo, cabra e cabra acamurçada foi cortado no tamanho de 30 x 30 cm. o couro foi retirado da porção do rabo dos animais. Depois disso, as peças de couro foram colocadas em câmara de vácuo. num secador de vácuo, foi mantida uma pressão de 0,8 bar e uma temperatura de 45 $^{oC.}$ Antes disso, o peso inicial do couro era anotado. por cada 10 minutos, a peça de couro era retirada dos ganchos e o peso do couro era anotado. A experiência foi conduzida à temperatura ambiente. A humidade restante presente na peça de couro foi removida através de secagem natural.

Para este processo também anotamos o peso da amostra por cada 10 minutos. Utilizando esses valores, calculámos a quantidade de humidade em base seca. Em seguida, traçámos o teor de humidade em função do tempo. A partir do gráfico, calculámos a taxa de secagem para vários teores de humidade e traçámos um gráfico contra o próprio teor de humidade. Em seguida, foram analisados os valores e propriedades do teor de humidade do couro.

4.2   SECAGEM EM CÂMARA OU DESUMIDIFICADOR

Os vários animais de couro, tais como vaca, búfalo, cabra e cabra acamurçada foram cortados no tamanho de 30 x 30cm. O couro foi retirado da porção do rabo dos animais. Depois disso, foi encontrado o peso inicial do couro e a peça de couro foi mantida numa câmara. O soprador sopra ar quente. Esta é uma técnica de secagem convectiva. O ar quente retira a humidade do couro molhado e o couro fica seco. Este processo é continuado até que o couro contenha 20% da humidade.

Na secagem em câmara, secamos o couro, utilizando duas condições diferentes. No primeiro processo mantivemos a temperatura de 30-35°C e a humidade relativa de 30-40%. No segundo processo mantivemos 40-45°C e 20-30% de Humidade Relativa. Para este processo, anotámos o peso da amostra por cada 10 minutos. Utilizando esses valores, calculámos a quantidade de humidade em base seca. Em seguida, traçámos o teor de humidade em função do tempo. A partir do $1°$ gráfico, calculámos a taxa de secagem para vários teores de humidade e traçámos um gráfico contra o próprio teor de humidade. Em seguida, foram analisados os valores do teor de humidade e as propriedades do couro.

4.3 SECAGEM NATURAL

Todas as indústrias de couro estão apenas a seguir a técnica de secagem natural. Neste método, o couro de vários animais tais como vaca, búfalo, cabra e cabra acamurçada foi cortado no tamanho de 30 x 30 cm. O couro foi retirado da porção do rabo dos animais. A temperatura era de 30C e a humidade relativa de 60%.

Depois disso, as peças de couro foram penduradas em ganchos a uma temperatura ambiente. Antes de as pendurar, o peso inicial do couro foi anotado. Por cada 15 minutos, a peça de couro era retirada dos ganchos e o peso era anotado. Todas as peças de couro demoraram quase 6-8 horas a serem secas. Este processo é demorado, mas é económico. Não há necessidade de energia. Após a experiência, seguimos o mesmo procedimento para calcular a taxa de secagem.

4.4 TUNNEL DRYING

Os vários animais de couro, tais como vaca, búfalo, cabra e cabra acamurçada foram cortados no tamanho de 30 ^{x} 30cm. O couro foi retirado da porção do rabo dos animais. Depois disso, foi encontrado o peso inicial do couro e a peça de couro foi mantida numa câmara. Durante cada 15 minutos a peça de couro era retirada e o peso era anotado. Após a experiência, seguimos o mesmo procedimento para o cálculo da taxa de secagem.

CAPÍTULO 5

RESULTADO E DISCUSSÕES

Seguem-se os couros que são secos por vários meios e os parâmetros mencionados abaixo. Os resultados são apresentados nas Tabelas 5.1 - 5.40 e nas figuras 5.1 - 5.40.

Secagem sob vácuo a uma pressão de 0,8 bar a 45 ^{0}C:

i.	Couro de vacaiii	.	Couro de Búfalo
ii.	Pele de cabra	iv.	Cabra camurça

Secagem da câmara com desumidificador

i. Couro de vaca (a 30-35°C com 30 - 40% de humidade relativa)

ii. Couro de vaca (a 40-45°C com 20 - 30% de humidade relativa)

iii. Pele de cabra (a 30-35°C com 30 - 40% de humidade relativa)

iv. Pele de cabra (a 40-45°C com 20 - 30% de Humidade Relativa)

v. Esconde Búfalo (a 30-35°C com 30 - 40% de humidade relativa)

vi. Esconde Búfalo (a 40-45°C com 20 - 30% de Humidade Relativa)

vii. Couro de cabra camurça (a 30-35°C com 30 - 40% de humidade relativa)

viii. Couro de cabra camurça (a 40-45°C com 20 - 30% de humidade relativa)

Secagem natural

i.	Couro de vaca	iii.	Cabra camurça
ii.	Pele de cabra	iv.	Esconde Búfalos

Secagem de túneis

i.	Couro de vaca 45oC	iii.	Cabra camurça 45oC
ii.	Pele de cabra 45oC	iv.	Esconder Búfalo

5.1 SECAGEM POR VÁCUO

5.1.1. COW LEATHER: (A 0,8 bares, 45 ^{0C})

Quadro 5.1 Teor de humidade para couro de vaca (secagem a vácuo)

Tempo (min)	Peso do couro (g)	Quantidade de humidade (g)	g de teor de humidade/ g de couro seco
0	191		
10	176	15	0.1364
20	162	14	0.1273
30	150	12	0.1091
40	139	11	0.1000
50	129	10	0.0909
60	121	8	0.0727
70	115	6	0.0545
80	110	5	0.0455

Tabela 5.2 Taxa de secagem para couro de vaca (Secagem a vácuo)

Tempo (min)	g de teor de humidade / g de couro seco	Taxa de secagem (g/g min ^{m2})
10	0.144	0.0188
20	0.127	0.0185
30	0.110	0.0173
40	0.097	0.0156
50	0.083	0.0148
70	0.550	0.0148
80	0.450	0.0101

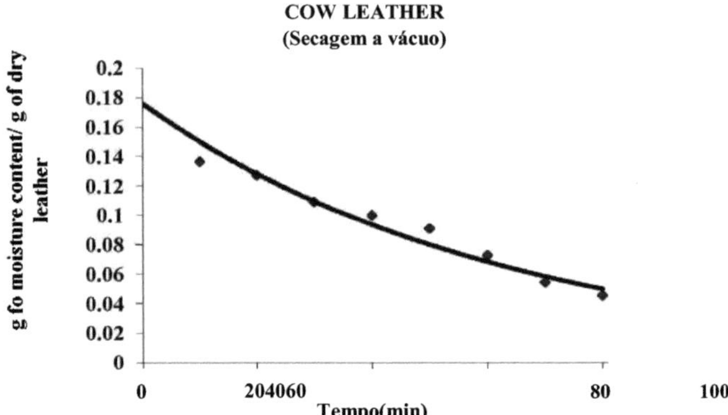

Figura 5.1 Couro de vaca (secagem a vácuo - curva de remoção de humidade Vs)

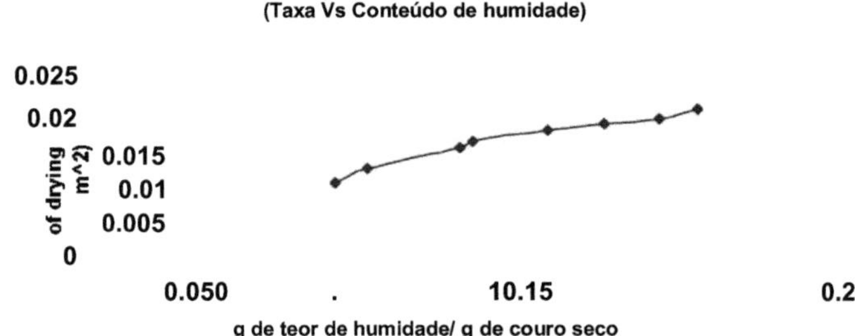

Figura 5.2 Couro de vaca (secagem a vácuo Teor de humidade Vs Taxa de curva de secagem)

5.1.2. PELE DE CABEÇA (a 0,8 bar,45 ^{0C})

Quadro 5.3 Teor de humidade para pele de cabra (secagem a vácuo)

Tempo (min)	Peso do couro (g)	Quantidade de humidade (g)	g de teor de humidade/ g de couro seco
0	120		
10	102	18	0.3829
20	87	15	0.3191
30	75	12	0.2553
40	65	10	0.2127
50	57	8	0.1702
60	51	6	0.1276
70	47	4	0.0851

Tabela 5.4 Taxa de secagem da pele de cabra (Secagem a vácuo)

Tempo (min)	g de teor de humidade/ g de couro seco	Taxa de secagem (g/g min ^{m2})
10	0.388	0.0852
20	0.318	0.0694
30	0.258	0.0568
40	0.212	0.0500
50	0.170	0.0470
60	0.128	0.0440
70	0.090	0.0390

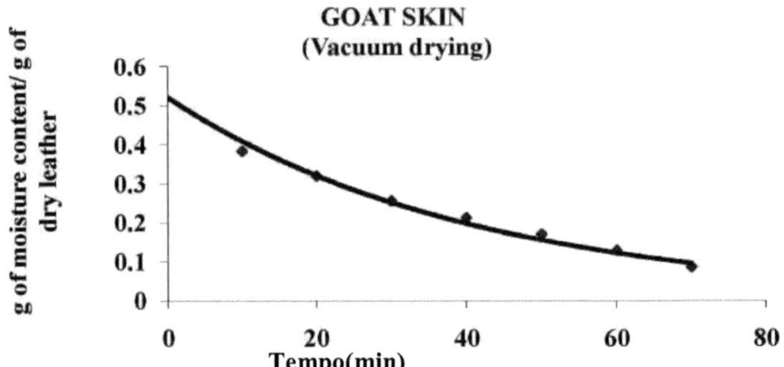

Figura 5.3 Pele de cabra (secagem a vácuo - Tempo Vs Curva do teor de humidade)

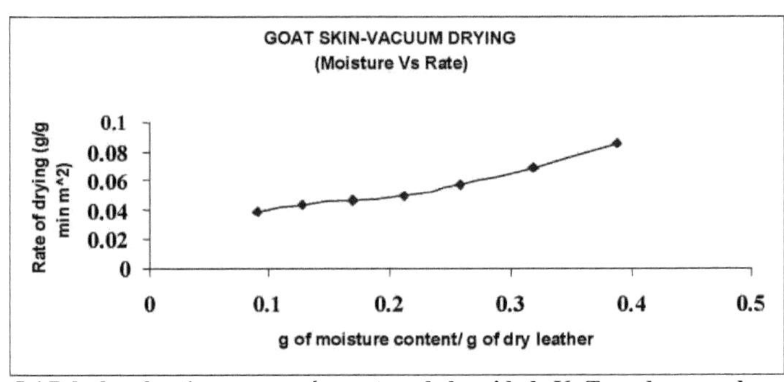

Figura 5.4 Pele de cabra (secagem a vácuo - teor de humidade Vs Taxa de curva de secagem)

28

5.1.3. BUFFALO HIDE (a 0,8 bar, 45 ^{0C})

Tabela 5.5 Teor de humidade para couro de búfalo (Secagem a vácuo)

Tempo (min)	Peso do couro (g)	Quantidade de humidade (g)	g de teor de humidade/ g de couro seco
0	230		
10	212	18	0.1579
20	197	15	0.1
30	183	14	0.1228
40	171	12	0.1052
50	160	11	0.0965
60	151	9	0.0789
70	141	10	0.0877
80	133	8	0.0702
90	125	8	0.0702
100	119	6	0.0526
110	114	5	0.0439

Tabela 5.6 Taxa de secagem da pele de Búfalo (Secagem a vácuo)

Tempo (min)	g de teor de humidade/ g de couro seco	Taxa de secagem (g/g min ^{m2})
10	0.158	0.02622
20	0.132	0.01728
30	0.120	0.01545
40	0.106	0.01269
50	0.096	0.01236
60	0.086	0.01164
70	0.077	0.00940
80	0.069	0.00932
90	0.060	0.00869

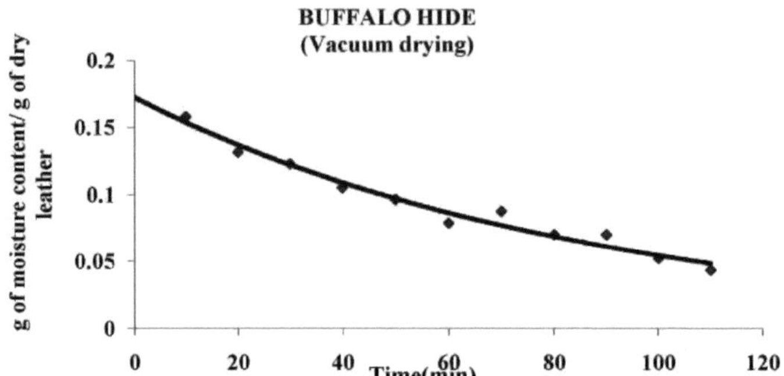

Figura 5.5 Pele de búfalo (Secagem a vácuo - Tempo Vs Curva do teor de humidade)

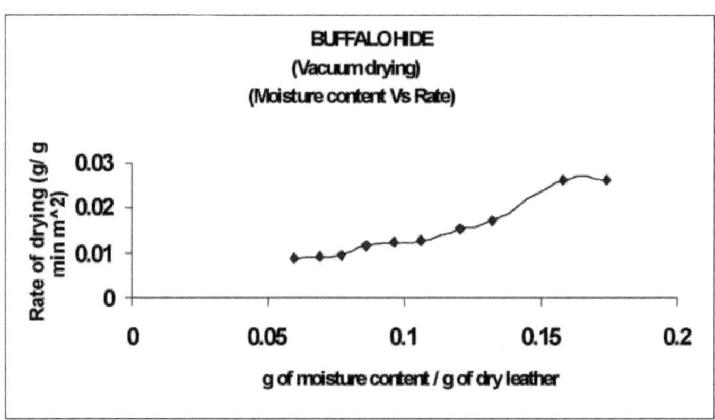

Figura 5.6 Pele de búfalo (Secagem a vácuo - Teor de humidade Vs Taxa de curva de secagem)

5.1.4. PELE DE CAÇA SUDA (a 0,8 bar, 4 5 ^{0C})

Quadro 5.7 Teor de humidade para couro de cabra camurça (secagem a vácuo)

Tempo (min)	Peso do couro (g)	Quantidade de humidade (g)	g de teor de humidade /g de couro seco
	100		
10	85	15	0.3191
20	72	13	0.2765
30	62	10	0.2127
40	54	8	0.1702
50	49	5	0.1063
60	47	2	0.0423

Quadro 5.8 Taxa de secagem do couro de cabra camurça (secagem a vácuo)

Tempo (min)	g de teor de humidade/ g de couro seco	Taxa de secagem (g/g min ^{m2})
10	0.360	0.0878
20	0.276	0.0741
30	0.210	0.0639
40	0.158	0.0556
50	0.106	0.0529
60	0.064	0.0310

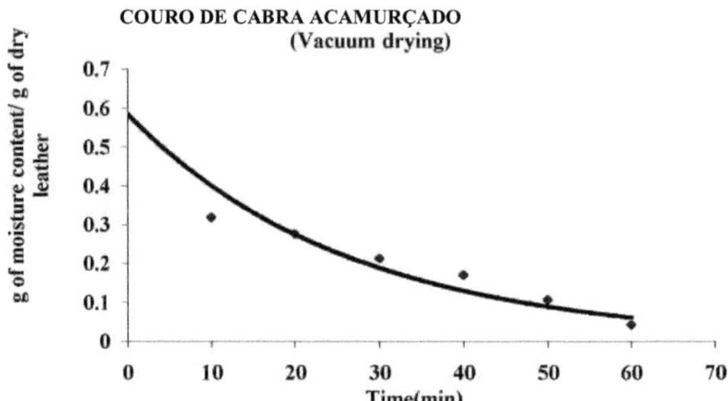

Figura 5.7 Couro de cabra camurça (secagem a vácuo - Tempo Vs Curva do teor de humidade)

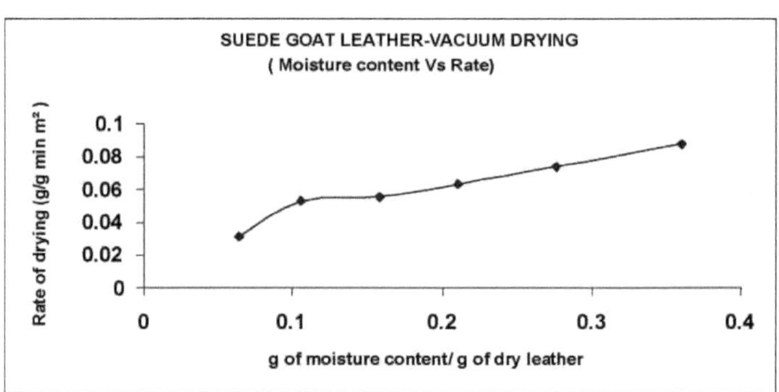

Figura 5.8 Couro de cabra acamurçado (Secagem a vácuo - Conteúdo Vs Taxa de curva de secagem)

5.2. CÂMARA DE SECAGEM: (utilizando desumidificador)

5.2.1. COW LEATHER (a 30-35°C com 30 - 40% de humidade relativa)

Quadro 5.9 Teor de humidade para couro de vaca (secagem em câmara a 30-35°C)

Tempo (min)	Peso do couro (g)	Quantidade de humidade (g)	g de teor de humidade/ g de couro seco
0	191		
5	172	19	0.2346
10	157	15	0.1852
15	145	12	0.1481
20	135	10	0.1235
25	128	7	0.0864
30	123	5	0.0617
35	119	4	0.0494
40	115	4	0.0494
45	111	4	0.0494
50	108	3	0.0370
55	105	3	0.0370
60	102	3	0.0370
65	99	3	0.0370
70	96	2	0.0247
75	94	2	0.0247
80	92	2	0.0247
85	90	2	0.0247
90	88	2	0.0247
95	86	2	0.0247
100	84	2	0.0247
105	83	1	0.0123
110	82	1	0.0123
115	81	1	0.0123

Tabela 5.10 Taxa de secagem para couro de vaca (secagem em câmara a 30-35°C)

Tempo (min)	g de teor de humidade/ g de couro seco	Taxa de secagem (g/g min ^{m2})
2.5	0.260	0.1269
5.0	0.234	0.1269
7.5	0.210	0.1269
10.0	0.184	0.1269
15.0	0.148	0.0698
19.0	0.126	0.0643
22.5	0.100	0.0629
25.0	0.086	0.0555
27.5	0.074	0.0481
30.0	0.062	0.0444
35.0	0.048	0.0272

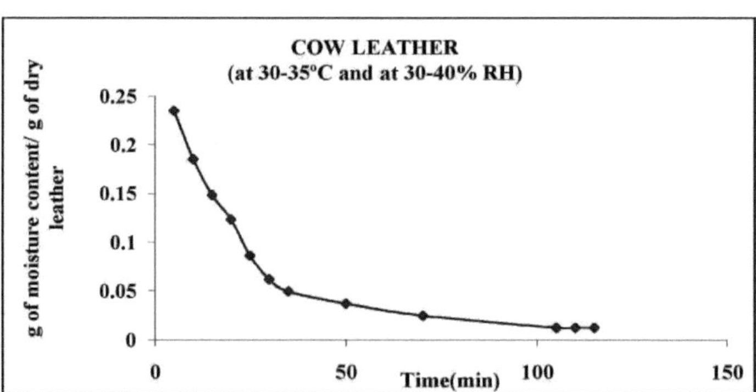

Figura 5.9 Couro de vaca (secagem em câmara a 30-35°C -Tempo Vs Curva do teor de humidade)

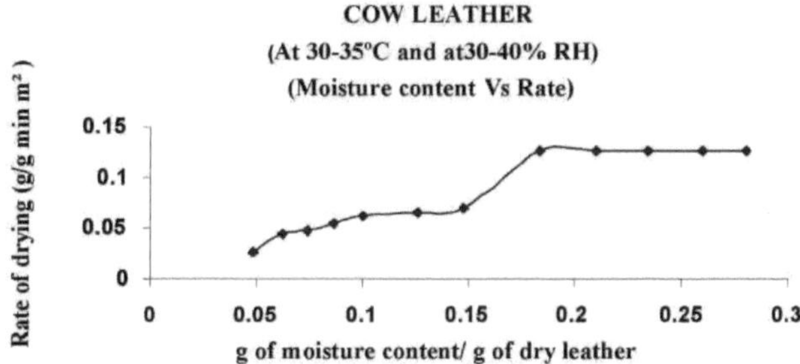

Figura 5.10 Couro de vaca (Secagem em câmara a 30-35°C -Conteúdo de elevação Vs Taxa de curva de secagem)

5.2.2. COW LEATHER (Câmara de secagem a 40-45°C com 20 - 30% de humidade relativa)

Quadro 5.11 Teor de humidade para couro de vaca (secagem em câmara a 40-45°C)

Tempo (min)	Peso do couro (g)	Quantidade de humidade (g)	g de teor de humidade/ g de couro seco	%De humidade removida
0	198			
15	175	23	0.2053	11.616
30	159	16	0.1428	9.1429
45	146	13	0.1160	8.1761
60	134	12	0.1071	8.2192
75	124	10	0.0892	7.4627
90	115	9	0.08035	7.2581

Tabela 5.12 Taxa de secagem para couro de vaca (secagem em câmara a 40-45°C)

Tempo (min)	g de teor de humidade/ g de couro seco	Taxa de secagem (g/g min m²)
5	0.250	0.0511
10	0.226	0.0511
15	0.204	0.0511
20	0.180	0.0503
25	0.162	0.0392
30	0.144	0.0317
35	0.132	0.0261
40	0.122	0.0209
45	0.114	0.0177
50	0.106	0.0144

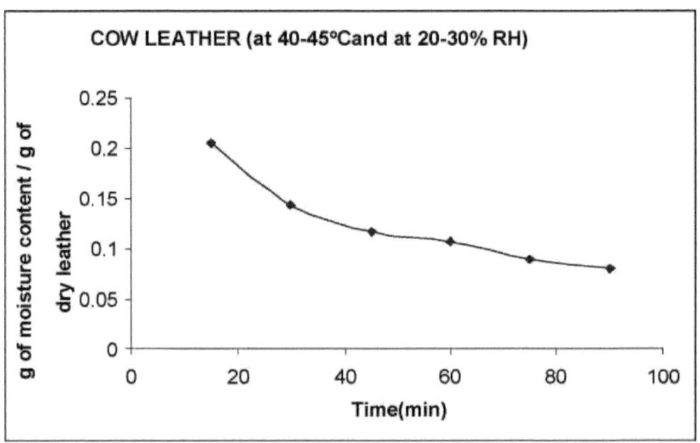

Figura 5.11 Couro de vaca (secagem em câmara a 40-45°C -Tempo Vs Curva do teor de humidade)

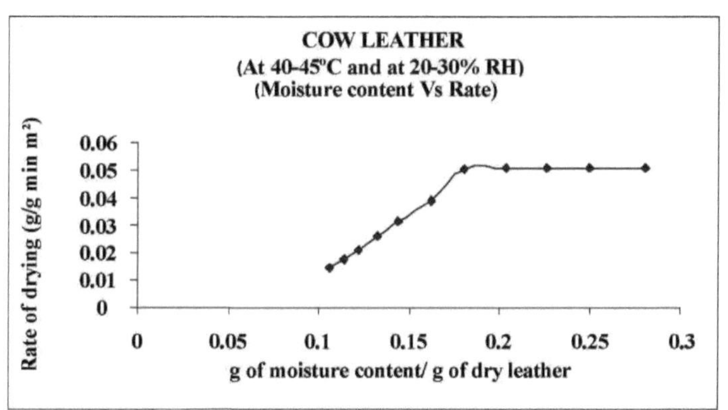

Figura 5.12 Couro de vaca (Secagem em câmara a 40-45°C - Teor de humidade Vs Taxa de curva de secagem)

5.2.2. PELE DE CABEÇA: (a 30-35°C com 30 - 40% de humidade relativa)

Quadro 5.13 Teor de humidade para pele de cabra (secagem em câmara a 30-35°C)

Tempo (min)	Peso do couro (g)	Quantidade de teor de humidade (g)	g de teor de humidade/ g de couro seco
0	112		
10	103	9	0.1304
20	94	9	0.1304
30	86	8	0.1159
40	80	6	0.0870
50	75	5	0.0725
60	72	3	0.0435
70	70	2	0.0290
80	69	2	0.0290

Quadro 5.14 Taxa de secagem da pele de cabra (secagem em câmara a 30-35°C)

Tempo (min)	g de teor de humidade/ g de couro seco	Declive	Taxa de secagem (Declive/área) (g/g min ^{m2})
10	0.130	0.0019	0.0211
15	0.120	0.0019	0.0211
20	0.112	0.0019	0.0211
25	0.104	0.00137	0.0152
30	0.097	0.00127	0.0141
35	0.091	0.00120	0.0133
40	0.085	0.00118	0.0128
45	0.079	0.00117	0.0131
50	0.073	0.00112	0.0124
55	0.068	0.00100	0.0111
70	0.054	0.00080	0.0089
75	0.050	0.00075	0.0083
80	0.046	0.00075	0.0083

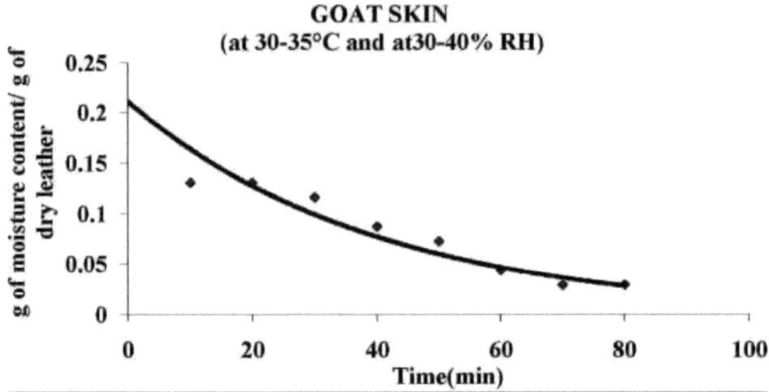

Figura 5.13 Pele de cabra (secagem em câmara a 30-35°C - Curva de teor de humidade Vs)

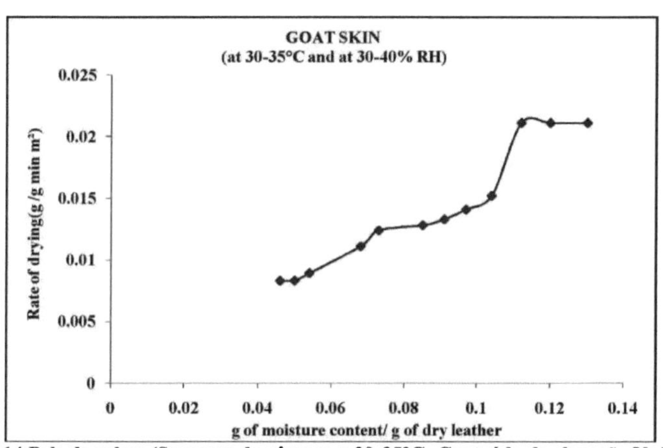

Figura 5.14 Pele de cabra (Secagem da câmara a 30-35°C -Conteúdo de elevação Vs Taxa de curva de secagem)

5.2.3. PELE DE CABEÇA: (a 40-45°C com 20 - 30% de humidade relativa)

Quadro 5.15 Teor de humidade para pele de cabra (secagem em câmara a 40-45°C)

Tempo (min)	Peso do couro (g)	Quantidade de teor de humidade (g)	g de teor de humidade/ g de couro seco
0	212		
10	103	18	0.36
20	88	15	0.30
30	77	11	0.22
40	70	7	0.14
50	63	7	0.14
60	58	5	0.10
70	54	4	0.08
80	50	4	0.08

Tabela 5.16 Taxa de secagem da pele de cabra (secagem em câmara a 40-45°C)

Tempo (min)	g de teor de humidade/ g de couro seco	Taxa de secagem (g/g min ^{m2})
10	0.400	0.0989
15	0.352	0.0989
20	0.304	0.0989
25	0.264	0.0989
30	0.220	0.0889
35	0.180	0.0833
40	0.152	0.0533
45	0.132	0.0444
50	0.112	0.0423

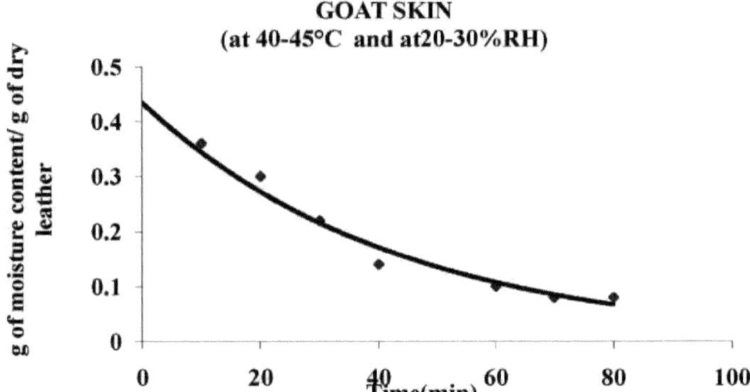

Figura 5.15 Pele de cabra (Secagem da câmara a 40-45°C -Tempo Vs Curva do teor de humidade)

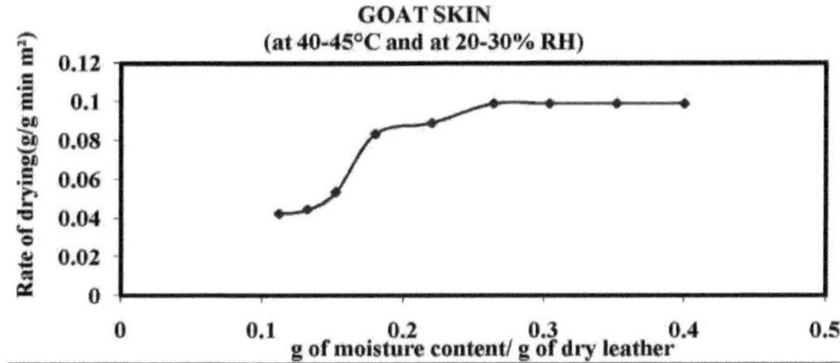

Figura 5.16 Pele de cabra (secagem em câmara a 40-45°C - Teor de humidade Vs Taxa de secagem)

5.2.5. BUFFALO HIDE (a 30-35°C com 30 - 40% de humidade relativa)

T ab, e 5.17 Teor de humidade para pele de búfalo (secagem em câmara a 30-35°C)

Tempo (min)	Peso do couro (g)	Quantidade de humidade (g)	g de teor de humidade/ g de couro seco
0	230		
10	215	15	0.1171
20	201	14	0.1050
30	189	12	0.0938
40	179	10	0.0781
50	168	11	0.0859
60	159	9	0.0703
70	152	7	0.0546
80	147	6	0.0468
90	142	5	0.0390
100	137	4	0.0313
110	133	4	0.0313
120	130	3	0.0234
130	128	2	0.0156

Tempo (min)	g de teor de humidade/ g de couro seco	Taxa de secagem (g/g min ^{m2})
10	0.117	0.0011
20	0.105	0.0011
30	0.094	0.0011
40	0.083	0.0011
50	0.071	0.0011
60	0.061	0.0010
70	0.053	0.0073
80	0.046	0.0071
90	0.039	0.0063
100	0.033	0.0053

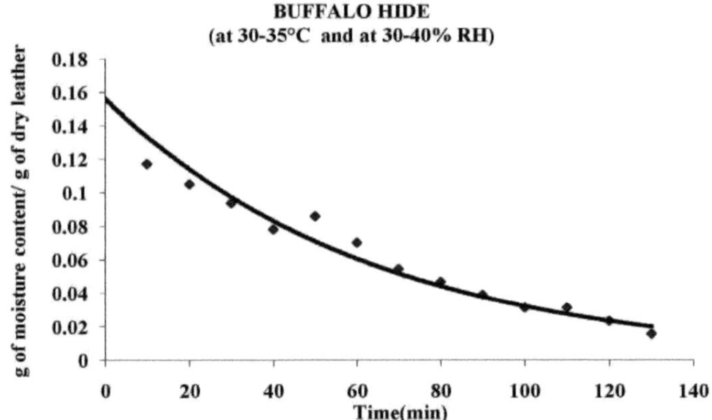

Figura 5.17 Pele de búfalo (Secagem da câmara a 30-35°C -Tempo Vs % da curva de remoção de humidade)

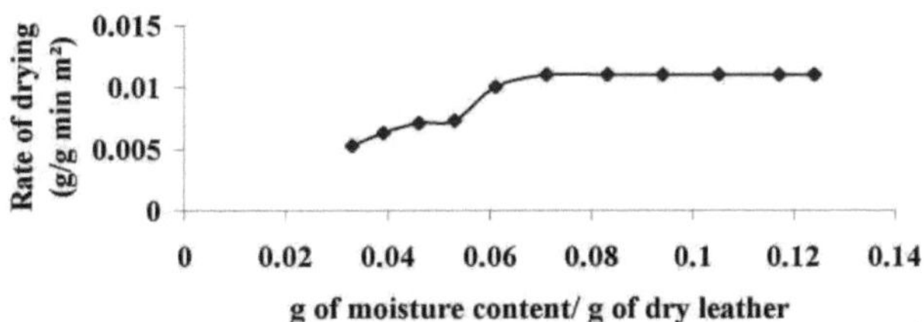

Figura 5.18 Pele de búfalo (Secagem da câmara a 30- 35°C - Teor de humidade Vs Taxa de secagem)

5.2.6. BUFFALO HIDE: (a 40-45°C com 20 - 30% de Humidade Relativa)

Tabela 5.19 Teor de humidade para couro de búfalo (secagem em câmara a 40-45°C)

Tempo (min)	Peso do couro (g)	Quantidade de humidade (g)	g de teor de humidade/ g de couro seco	%De humidade removida
0	230			
10	212	18	0.1343	7.826
20	197	15	0.1119	7.075
30	184	13	0.0970	6.598
40	174	10	0.0746	5.434
50	165	9	0.0672	5.172
60	157	8	0.0597	4.848
70	151	6	0.0447	3.821
80	145	6	0.0447	3.973
90	140	5	0.0373	3.448
100	136	4	0.0298	2.857
110	134	2	0.0149	1.471

Tabela 5.20 Taxa de secagem da pele de Búfalo (secagem em câmara a 40-45°C)

Tempo (min)	g de teor de humidade/ g de couro seco	Taxa de secagem (g/g min ^{m2})
10	0.134	0.0236
20	0.112	0.0236
30	0.093	0.0236
40	0.078	0.0152
50	0.067	0.0111
60	0.059	0.0094
70	0.051	0.0085
80	0.044	0.0078
90	0.037	0.0078
100	0.030	0.0067

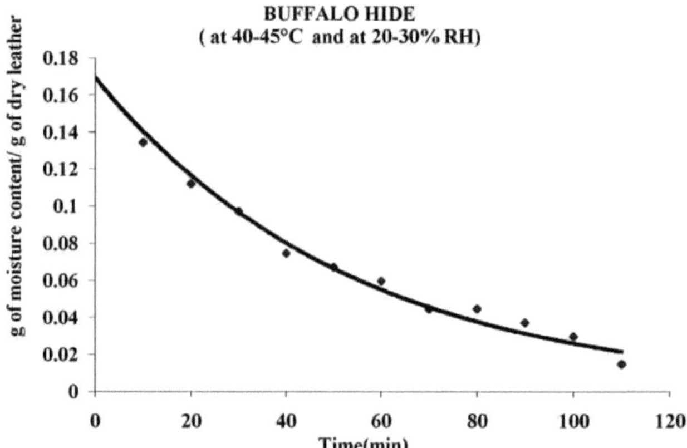

Figura 5.19 Couro de búfalo (secagem em câmara -40-45°C -Tempo Vs Curva do teor de humidade)

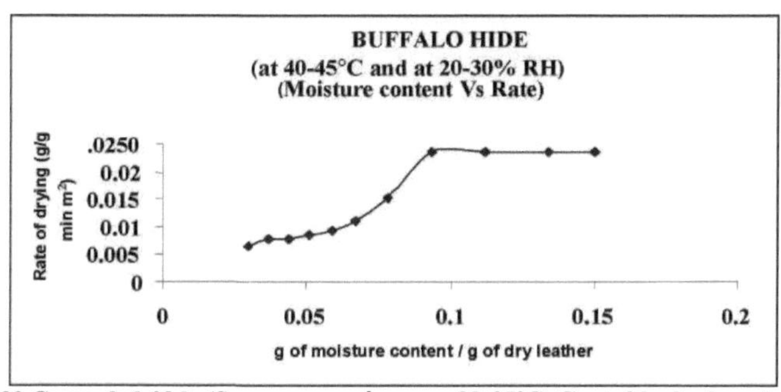

Figura 5.20 Couro de búfalo (Secagem em câmara a 30-35°C -Conteúdo de elevação Vs Taxa de curva de secagem)

5.2.7. SUEDE GOAT LEATHER (a 30-35°C com 30 - 40% de Humidade Relativa)

Quadro 5.21 Teor de humidade para couro de cabra camurça (secagem em câmara a 30-35°C)

Tempo (min)	Peso do couro (g)	Quantidade de humidade (g)	g de teor de humidade/ g de couro seco
0	100		
10	88	12	0.2667
20	78	10	0.2222
30	69	9	0.2000
40	62	7	0.1556
50	56	6	0.1333
60	51	5	0.1111
70	48	3	0.0667
80	45	3	0.0667

Quadro 5.22 Taxa de secagem do couro de cabra camurça (secagem em câmara a 30-35°C)

Tempo (min)	g de teor de humidade/ g de couro seco	Taxa de secagem (g/g min m²)
10	0.266	0.0500
20	0.222	0.0500
30	0.188	0.0359
40	0.156	0.0333
50	0.124	0.0342
60	0.094	0.0327
70	0.067	0.0283

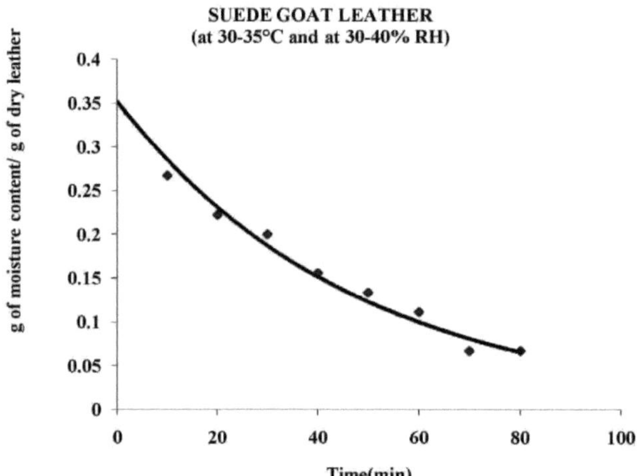

Figura 5.21 Couro de cabra camurça (secagem em câmara a 30-35°C - Curva de teor de humidade Vs)

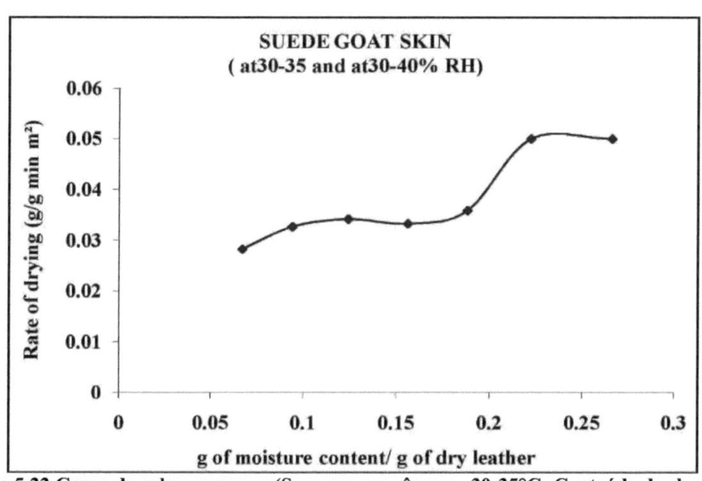

Figura 5.22 Couro de cabra camurça (Secagem em câmara -30-35°C -Conteúdo de elevação Vs Taxa de curva de secagem)

5.2.8. SUEDE GOAT LEATHER (a 40-45°C com 20 - 30% de Humidade Relativa)

Quadro 5.23 Teor de humidade para couro de cabra camurça (secagem em câmara a 40-45°C)

Tempo (min)	Peso do couro (g)	Quantidade de humidade (g)	g de teor de humidade/ g de couro seco
0	100		
10	87	13	0.2889
20	76	11	0.2440
30	67	9	0.2000
40	59	8	0.1778
50	53	6	0.1333
60	48	5	0.1111
70	45	3	0.0667

Quadro 5.24 Taxa de secagem do couro de cabra camurça (secagem em câmara a 40-45°C)

Tempo (min)	g de teor de humidade/ g de couro seco	Taxa de secagem (g/g min ^{m2})
10	0.288	0.0547
20	0.244	0.0547
30	0.200	0.0423
40	0.166	0.0378
50	0.133	0.0333
60	0.111	0.0234
70	0.088	0.0200

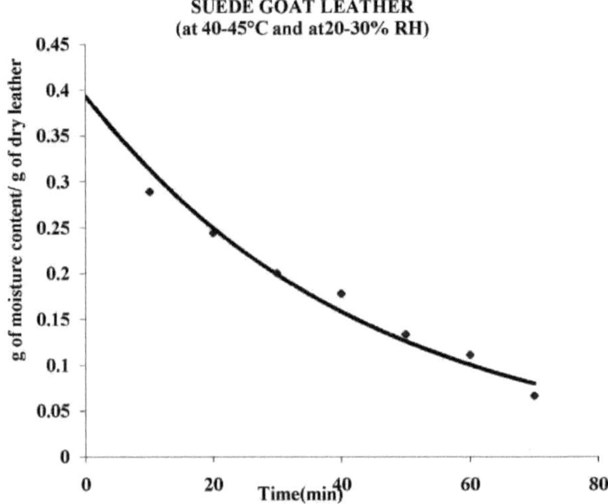

Figura 5.23 Couro de cabra camurça (secagem em câmara - 40-45°C- Tempo Vs Curva do teor de humidade)

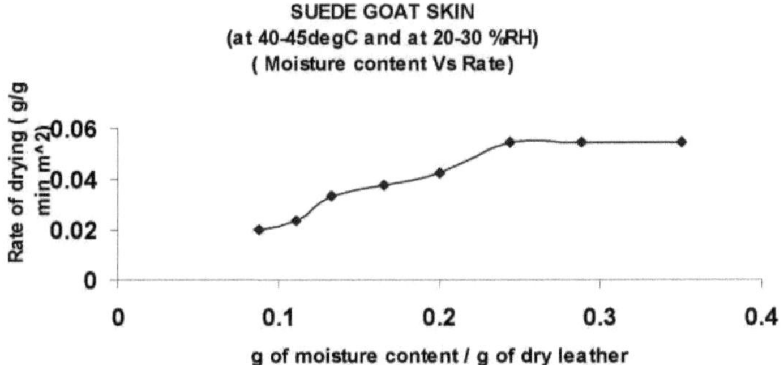

Figura 5.24 Couro de cabra camurça (Secagem em câmara a 40-45°C -Conteúdo de elevação Vs Taxa de curva de secagem)

5.3. SECAGEM NATURAL 5.3.1. LEATHER DE COW

Quadro 5.25 Teor de humidade para couro de vaca (secagem natural)

Tempo (min)	Peso do couro (g)	Quantidade de humidade (g)	g de humidade / g de couro seco
0	195		
15	185	10	0.1428
30	176	9	0.1285
45	168	8	0.1142
60	162	6	0.0857
75	156	6	0.0857
90	150	6	0.0857
105	144	6	0.0857
120	138	6	0.0857
135	133	5	0.0714
150	128	5	0.0714
165	124	4	0.0570
180	119	5	0.0714
195	114	5	0.0714
210	110	4	0.0570
225	106	4	0.0570
240	102	4	0.0570
255	98	4	0.0570
270	95	3	0.04285
285	92	3	0.04285
300	89	3	0.04285
315	86	3	0.04285
330	84	2	0.02857
345	81	3	0.04285
360	79	2	0.02857
375	77	2	0.02857
390	75	2	0.02857
405	73	2	0.02857
420	72	1	0.01428
435	71	1	0.01428
450	70	1	0.01428

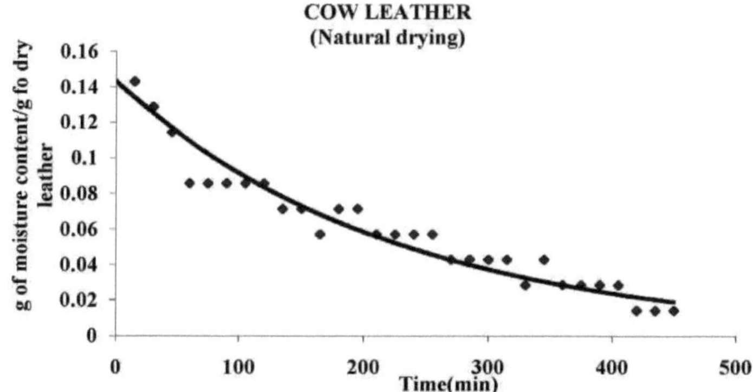

Figura 5.25 Couro de vaca (secagem natural - Tempo Vs Curva do teor de humidade)

Quadro 5.26 Taxa de secagem do couro de vaca (secagem natural)

Tempo (min)	g de teor de humidade/ g de couro seco	Taxa de secagem $(g/g\ min^{m2})$
15	0.143	0.0132
30	0.129	0.0132
45	0.114	0.0132
60	0.089	0.0086
75	0.081	0.00313
90	0.078	0.00235
120	0.072	0.00233
150	0.067	0.00231
180	0.061	0.00228
210	0.055	0.00263
240	0.049	0.00222
270	0.043	0.00216

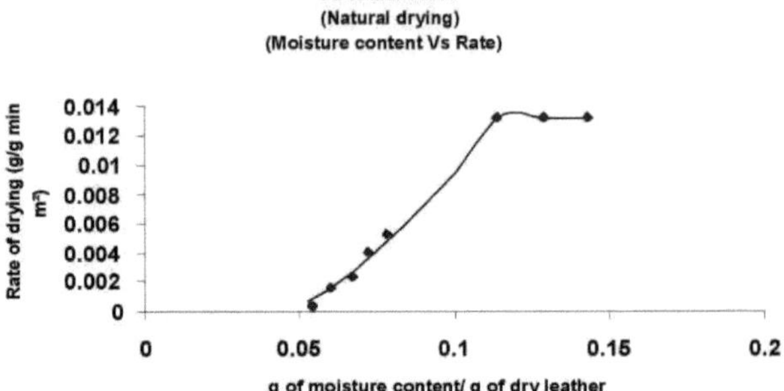

Figura 5.26 Couro de vaca (Secagem natural - Teor de humidade Vs Taxa de curva de secagem)

Quadro 5.27 Teor de humidade para pele de cabra (secagem natural)

Tempo (min)	Peso do couro (g)	Quantidade de humidade (g)	g de humidade / g de couro seco
0	125		
15	115	10	0.2564
30	106	9	0.2307
45	98	8	0.2051
60	90	8	0.2051
75	83	7	0.1794
90	77	6	0.1538
105	73	4	0.1025
120	68	5	0.1282
135	64	4	0.1025
150	60	4	0.1025
165	59	1	0.0256
180	58	1	0.0256
195	55	3	0.0769
210	52	3	0.0769
225	49	3	0.0769
240	47	2	0.0512
255	45	2	0.0512
270	43	2	0.0512
285	42	2	0.0512
300	41	1	0.0256
315	40	1	0.0256
330	39	1	0.0256

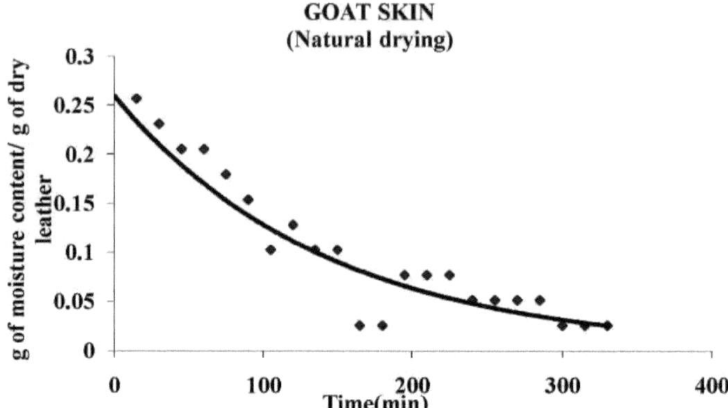

Figura 5.27 Pele de cabra (secagem natural - Tempo Vs Curva de teor de humidade)

Quadro 5.28 Taxa de secagem da pele de cabra (secagem natural)

Tempo (min)	g de teor de humidade/ g de couro seco	Taxa de secagem (g/g min ^{m2})
10	0.270	0.0178
20	0.248	0.0178
30	0.230	0.0178
40	0.214	0.0178
45	0.208	0.0178
60	0.190	0.01213
75	0.174	0.01234
90	0.158	0.01193
105	0.142	0.01125
120	0.126	0.01077
135	0.112	0.00963
150	0.100	0.00815

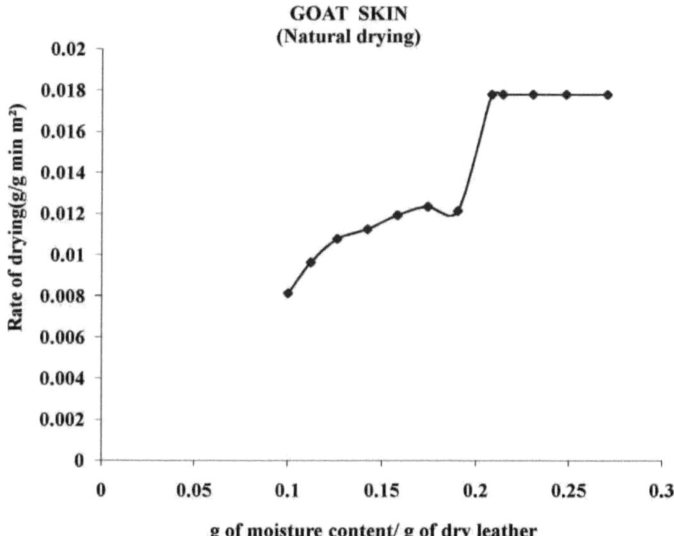

Figura 5.28 Pele de cabra (Secagem natural - Teor de humidade Vs Taxa de curva de secagem)

5.3.3. BUFFALO HIDE

Tabela 5.29 Teor de humidade para couro de búfalo (Secagem natural)

Tempo (min)	Peso do couro (g)	Quantidade de humidade (g)	g de teor de humidade / g de couro seco
0	230		
15	200	30	0.55550
30	185	15	0.27780
45	173	12	0.22220
60	163	10	0.18518
75	152	11	0.20370
90	145	7	0.12960
105	139	6	0.11100
120	134	5	0.09259
135	129	5	0.09259
150	124	5	0.09259
165	119	5	0.09259
180	114	5	0.09259
195	110	4	0.07407
210	106	4	0.07407
225	102	4	0.07407
240	98	4	0.07407
255	94	4	0.07407
270	90	4	0.07407
285	87	3	0.05560
300	84	3	0.05560
315	81	3	0.05560
330	78	3	0.05560
345	75	3	0.05560
360	72	3	0.05560
375	69	3	0.05560
390	67	2	0.03700
405	65	2	0.03700
420	63	2	0.03700
435	61	2	0.03700
450	59	2	0.03700
465	57	2	0.03700
480	56	1	0.01850
495	55	1	0.01850
510	54	1	0.01850

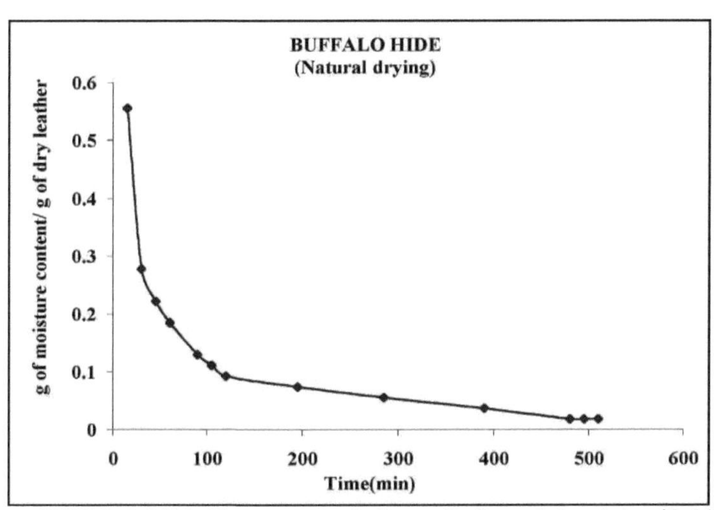

Figura 5.29 Pele de búfalo (Secagem natural - Tempo Vs Curva de teor de humidade)

Tabela 5.30 Taxa de secagem da pele de Búfalo (Secagem natural)

Tempo (min)	g de teor de humidade/ g de couro seco	Taxa de secagem (g/g min ^{m2})
15	0.560	0.0228
30	0.280	0.0228
45	0.220	0.0211
60	0.190	0.0205
75	0.155	0.0181
90	0.130	0.0165
105	0.105	0.0144
120	0.090	0.0128

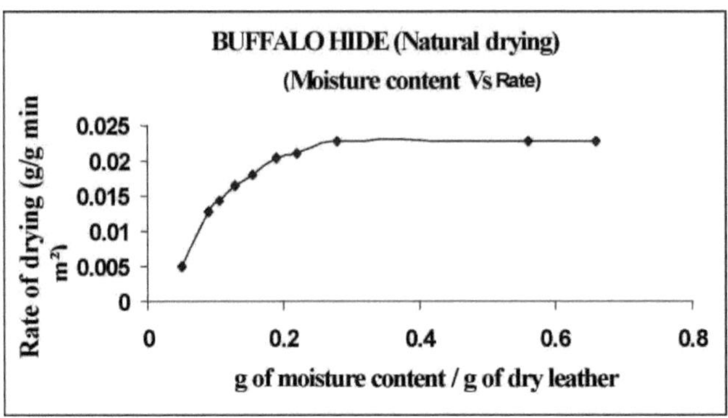

Figura 5.30 Pele de búfalo (Secagem natural - Teor de humidade Vs Taxa de curva de secagem)

5.3.4. COURO DE CABRA ACAMURÇADO

Quadro 5.31 Teor de humidade para couro de cabra camurça (secagem natural)

Tempo (min)	Peso do couro (g)	Quantidade de teor de humidade (g)	g de teor de humidade/ g de couro seco
0	99		
15	94	5	0.1667
30	90	4	0.1337
45	87	3	0.1000
60	83	4	0.1333
75	79	4	0.1333
90	76	3	0.1000
105	73	3	0.1000
120	69	4	0.1333
135	66	3	0.1000
150	62	4	0.1333
165	58	4	0.1333
180	55	3	0.1000
195	50	5	0.1667
210	46	4	0.1333
225	43	3	0.1000
240	40	3	0.1000
255	37	3	0.1000
270	35	2	0.0667
285	33	2	0.0667
300	32	1	0.0330
315	31	1	0.0330
330	30	1	0.0330

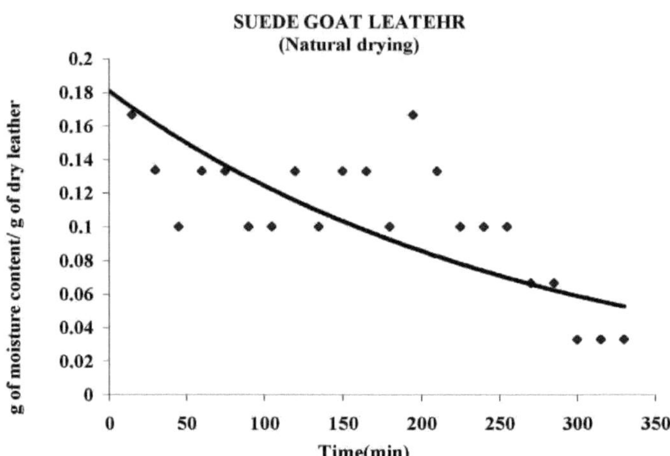

Figura 5.31 Couro de cabra camurça (secagem natural - Tempo Vs Curva do teor de humidade)

Quadro 5.32 Taxa de secagem do couro de cabra camurça (secagem natural)

Tempo (min)	g de teor de humidade/ g de couro seco	Taxa de secagem (g/g min ^{m2})
15	0.167	0.0263
30	0.133	0.0263
45	0.100	0.0263
60	0.089	0.0070
75	0.082	0.0049
90	0.077	0.0042
105	0.072	0.0034
120	0.068	0.0032
135	0.064	0.0032
150	0.059	0.0030

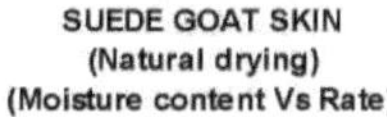

Figura 5.32 Couro de cabra camurça (Secagem natural - Teor de humidade Vs Taxa de curva de secagem)

5.4.   TUNNEL DRYING

5.4.1. COW LEATHER

Quadro 5.33 Teor de humidade para couro de vaca a 45oC

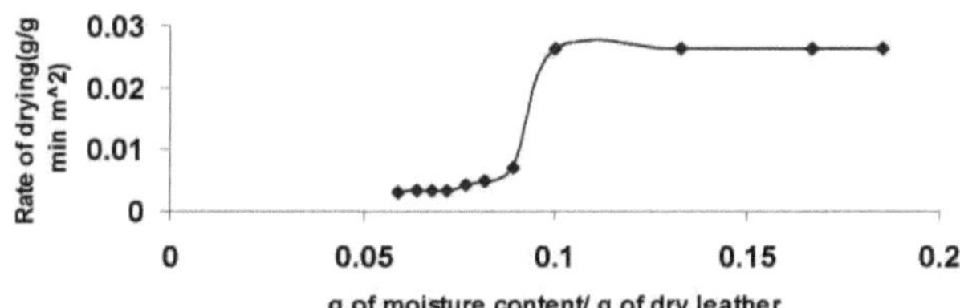

Tempo em minutos	g de teor de humidade/ g de sólido seco
5	0.232
10	0.171
15	0.159
20	0.122
25	0.085
30	0.06
35	0.049
40	0.049
45	0.037
50	0.037
55	0.037
60	0.024
65	0.037

g de teor de humidade/ g de couro seco	Taxa de secagem (g/g min ^{m2})
0.2274	0.078
0.2191	0.082
0.20978	0.095
0.1998	0.095
0.18948	0.097
0.14017	0.082
0.13162	0.078
0.11616	0.06
0.10924	0.062
0.10284	0.058
0.08178	0.047
0.0775	0.038
0.05541	0.022
0.05099	0.019
0.04901	0.018
0.04093	0.0127
0.03961	0.0118
0.03838	0.0112
0.027	0.005
0.02647	0.0048
0.02597	0.0045

de vaca a 45oC

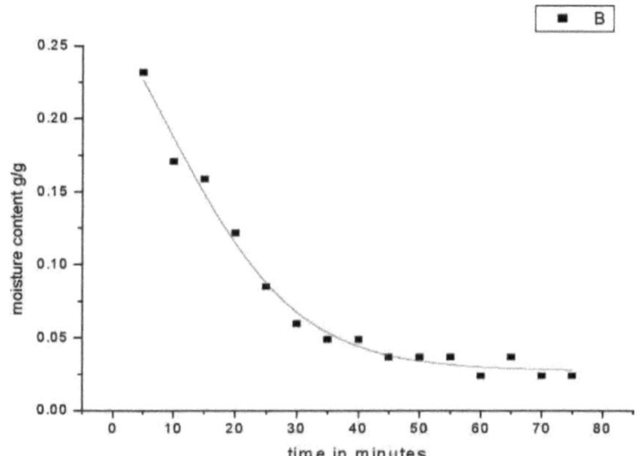

Figura 5.33 Couro de vaca (secagem em túnel - Tempo vs humidade)

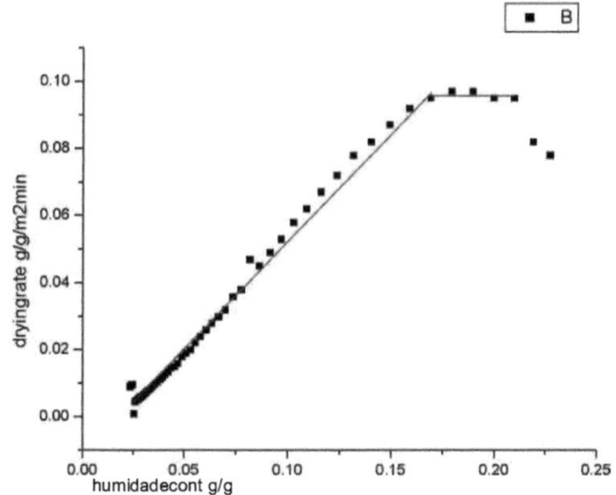

Figura 5.34 Couro de vaca (secagem em túnel - teor de humidade vs taxa de secagem)

Tabela 5. **35Cdo conteúdo de elevação** **para couro de cabra a 45oC (secagem em túnel)**

Tempo em minutos	g de teor de humidade/ g de sólido seco
10	0.151
20	0.114
30	0.101
40	0.076
50	0.063
60	0.038
70	0.025
80	0.013
90	0.013

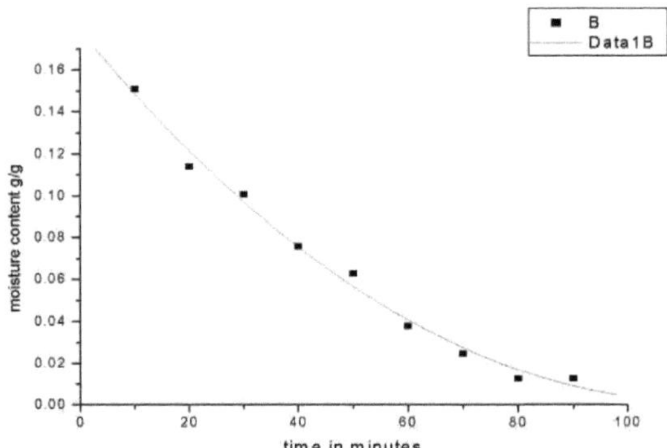

Figura 5.35 Couro de cabra (secagem em túnel - Tempo vs humidade)

g de teor de humidade/ g de couro seco	Taxa de secagem (g/g min m^2)
0.16742	0.028
0.15453	0.028
0.14176	0.028
0.12918	0.027
0.11686	0.027
0.10487	0.026
0.09327	0.025
0.08214	0.024
0.07155	0.023
0.0668	0.02
0.05223	0.02
0.04364	0.018
0.0369	0.018
0.02896	0.014
0.023	0.012
0.01806	0.0097
0.01419	0.0072
0.01147	0.0046
0.00997	0.0017
0.00976	0.0046

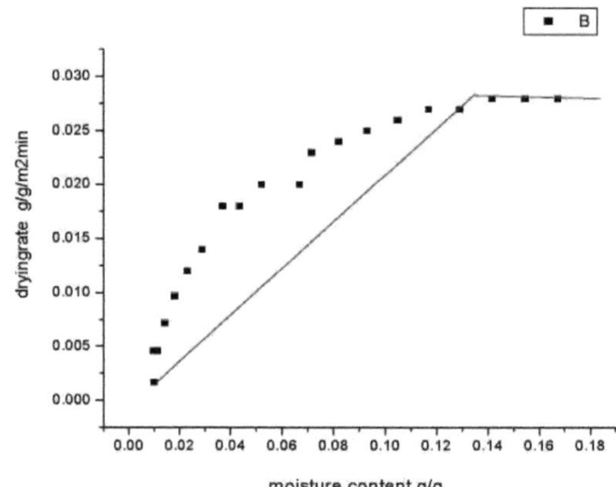

Couro de   **Figura 5.36**   **cabra (secagem em túnel - teor de humidade vs taxa de secagem)**

5.4.3 COURO DE BÚFALO

Tabela 5.37 Teor de humidade para couro de búfalo a 45oC (secagem em túnel)

Tempo em minutos	g de teor de humidade/ g de sólido seco
15	0.268
30	0.212
45	0.125
60	0.125
75	0.103
90	0.102

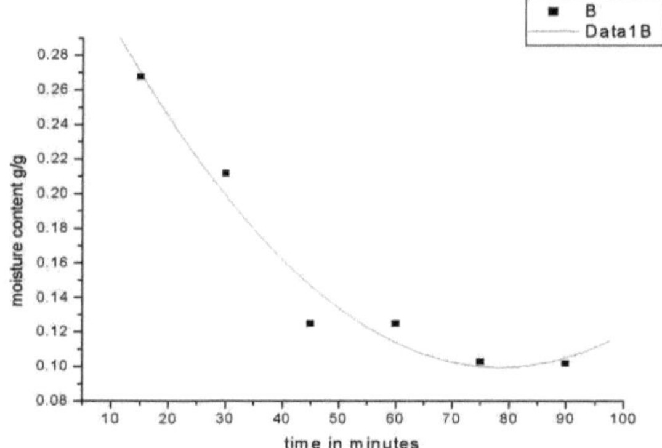

Figura 5.37 Couro de búfalo (secagem em túnel - Tempo vs humidade)

g de teor de humidade/ g de couro seco	Taxa de secagem (g/g min m^2)
0.43076	
0.3937	0.061
0.35873	0.055
0.32585	0.05
0.29506	0.047
0.26636	0.042
0.23974	0.038
0.21522	0.034
0.19278	0.03
0.17244	0.026
0.15418	0.021
0.13801	0.017
0.12393	0.014
0.11194	0.0094
0.10204	0.00534
0.09423	0.0012
0.08851	0.0029
0.08487	0.007

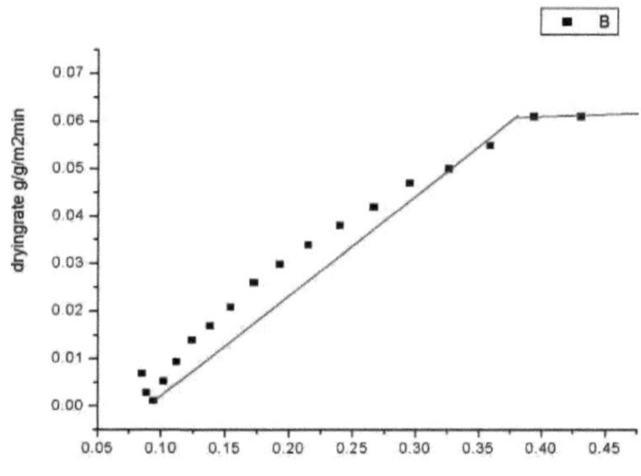

Figura 5.38 Couro de búfalo (secagem em túnel - teor de humidade vs taxa de secagem)

5.4.4. COURO DE CABRA ACAMURÇADO

Quadro 5.39 Teor de humidade para couro de cabra acamurçado a 45oC (secagem em túnel)

Tempo em minutos	g de teor de humidade/ g de sólido seco
10	0.367
20	0.286
30	0.265
40	0.102
50	0.142
60	0.102
70	0.081

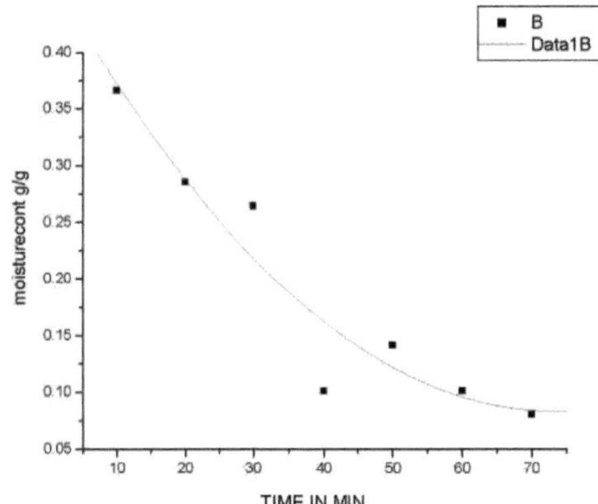

Figura 5.39 Couro de cabra camurça (secagem em túnel - Tempo vs humidade)

g de teor de humidade/ g de couro seco	Taxa de secagem (g/g min ^{m2})
0.43076	0.109
0.3937	0.109
0.35873	0.099
0.32585	0.093
0.29506	0.087
0.26636	0.087
0.23974	0.075
0.21522	0.068
0.19278	0.062
0.17244	0.056
0.15418	0.05
0.13801	0.043
0.12393	0.029
0.11194	0.032
0.10204	0.026
0.09423	0.019
0.08851	0.013
0.08487	0.00759
0.08333	0.00146
0.08387	0.00056

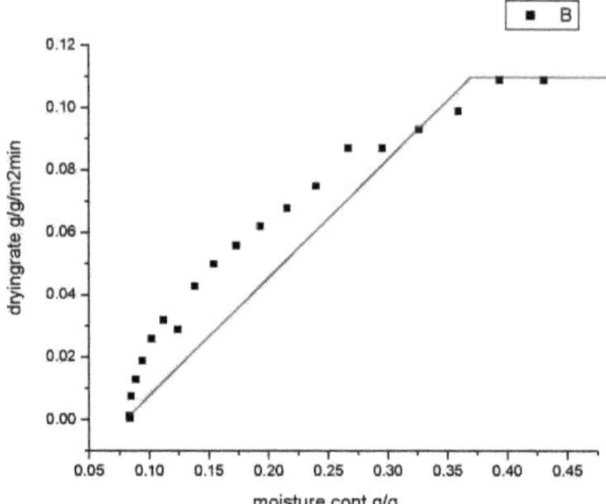

Figura 5.40 Couro de cabra camurça (secagem em túnel - teor de humidade vs taxa de secagem)

5.5   RESULTADOS CONSOLIDADOS

Tabela 5.41 Resultados do conteúdo de humidade dos quatro tipos de peles

Particulares	Teor crítico de humidade	Equilíbrio Teor de humidade	Teor de humidade ligado	Teor de humidade não ligado
Couro de vaca (1,65 mm de espessura)	0.09	0.045	0.045	
Secagem por vácuo	0.184	0.049	0.135	0.086
Secagem em câmara (a 30-35°C)	0.204	0.11	0.094	0.096
Secagem em câmara (a 40-45°C)	0.114	0.06	0.054	0.036
Secagem natural Túnel de secagem	0.17	0.03	0.14	0.05
Secagem a vácuo da pele de cabra (1 mm de espessura)	0.22	0.098	0.122	
Secagem em câmara (a 30-35°C)	0.112	0.045	0.077	0.018
Secagem em câmara (a 40-45°C)	0.264	0.11	0.154	0.146
Secagem natural	0.208	0.1	0.108	0.72
Secagem em túnel	0.14	0.01	0.13	0.03
Esconde Búfalo (1,45 mm de espessura)	0.17	0.06	0.11	
secagem por vácuo	0.071	0.03	0.041	0.06
Secagem em câmara (a 30-35°C)	0.093	0.033	0.06	0.067
Secagem em câmara (a 40-45°C)				
Secagem natural	0.230	0.02	0.21	0.47
Secagem em túnel	0.36	0.09	0.27	0.07
Couro de cabra acamurçado (0,75 mm de espessura) Secagem por vácuo	0.12	0.08	0.04	
Secagem em câmara (a 30-35°C)	0.222	0.065	0.157	0.058
Secagem em câmara (a 40-45°C	0.240	0.095	0.145	0.13
Secagem natural	0.100	0.06	0.04	0.09
Secagem em túnel	0.38	0.08	0.30	0.06

5.6.   PROPRIEDADE DOS COUROS

As propriedades físicas tais como a resistência à tracção, a fissura do grão e a resistência ao rasgamento foram medidas de acordo com os métodos de ensaio padrão (Análise física de couros-Métodos para testar couros superiores - Sociedade de Técnicos e Químicos de Couro).

Quadro 5.42 Propriedade do couro para resistência à tracção

Particulares	Máx. Carga (KN)	Deslocação Máx. (mm)	Tensile força (Kg/cm2)
Couro de vaca (1,65 mm de espessura)			
Secagem por vácuo	0.3440	30.25	189.50
secagem em câmara (a 30-35°C)	0.1951	29.33	121.00
Secagem em câmara (a 40-45°C)	0.1954	28.58	115.00
Secagem natural	0.2217	49.08	97.00
Secagem em túnel	0.2045	29.98	125.00
Pele de cabra (1mm de espessura)			
Secagem por vácuo	0.1500	25.83	140.00
Secagem em câmara (a 30-35°C)	0.1139	24.66	129.05
Secagem em câmara (a 40-45°C)	0.1048	26.83	106.08
Secagem natural	0.0865	27.75	90.82
Secagem em túnel	0.1267	24.98	131.78
Esconde Búfalo (1,45mm de espessura)			
Secagem por vácuo	0.4678	20.75	328.00
Secagem em câmara (a 30-35°C)	0.2745	32.83	186.00
Secagem em câmara (a 40-45°C)	0.2172	37.43	152.00
Secagem natural	0.2634	41.60	136.00
Secagem em túnel	0.3250	35.89	191.43
Cabra camurça (0,75 mm de espessura)			
Secagem por vácuo	0.795	27.68	195.00
Secagem em câmara (a 30-35°C)	0.1344	38.33	182.00
Secagem em câmara (a 40-45°C)	0.1309	34.50	177.00
Secagem natural	0.1043	37.25	151.00
Secagem em túnel	0.1356	39.47	186.40

5.6.1. RESISTÊNCIA À TRACÇÃO

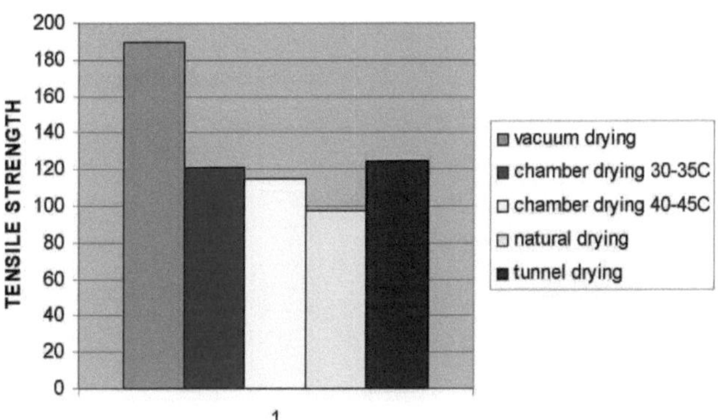

Figura 5.41

Tensão para couro de vaca

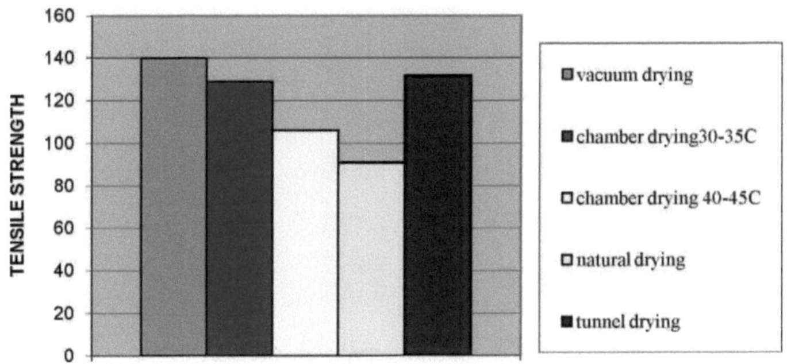

Figura 5.42 Tensile para couro de cabra

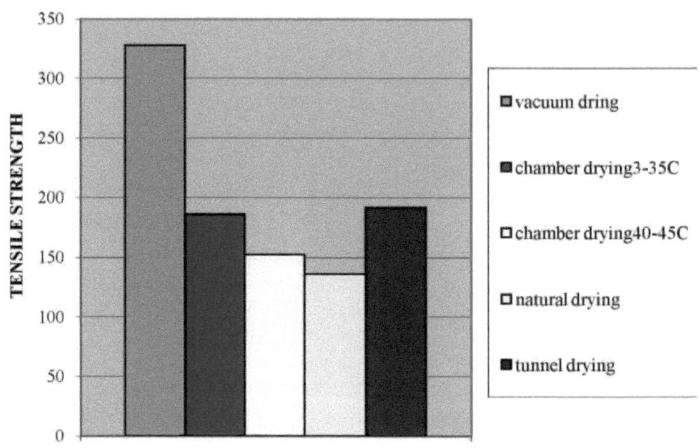

Figura 5.43 Resistência à tracção para couro de búfalo

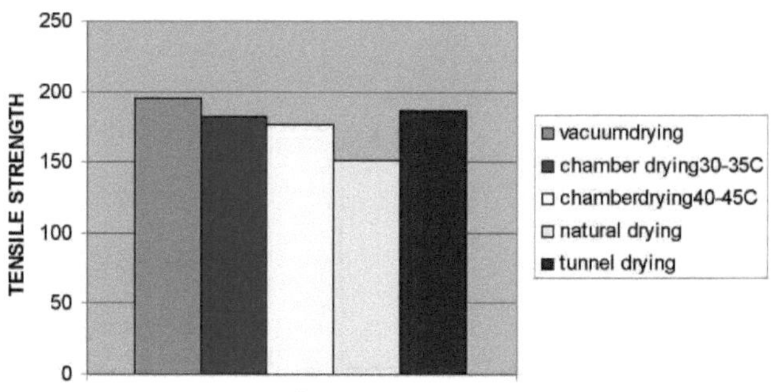

Figura 5.44 Resistência à tracção para couro de cabra camurça

Tabela 5.43 Tabela para a resistência à fissuração dos grãos

Particulares	Kg de carga (Kg)	Altura da agulha (mm)	Força de fissura do grão (Kg/cm)
Couro de vaca (1,65 mm de espessura)			
Secagem por vácuo	30	9.89	181.88
Secagem em câmara (a 30-35°C)	20	8.38	167.21
Secagem em câmara (a 40-45°C)	21	9.02	144.272
Secagem natural	21	8.66	127.272
Secagem em túnel	21	9.12	178.58
Pele de cabra (1mm de espessura)			
Secagem por vácuo	17	11.43	170.00
Secagem em câmara (a 30-35°C)	15	11.39	150.00
Secagem em câmara (a 40-45°C)	17	11.01	125.00
Secagem natural	16	11.53	105.00
Secagem em túnel	16	11.40	155
Buffalo Hide(1,45mm de espessura			
Secagem por vácuo	38	9.02	262.06
Secagem em câmara (a 30-35°C)	33	10.09	247.58
Secagem em câmara (a 40-45°C)	35	11.27	221.38
Secagem natural	34	10.00	184.48
Secagem em túnel	35	11.34	251
Cabra camurça(0,75 mm de espessura)			
Secagem por vácuo	13	10.16	173.33
Secagem em câmara (a 30-35°C)	10	11.21	133.33
Secagem em câmara (a 40-45°C)	12	13.55	125.00
Secagem natural	9	13.31	120.00
Secagem em túnel	11	12.56	145

Figure 5.45   Grain Crack Strength for cow sample

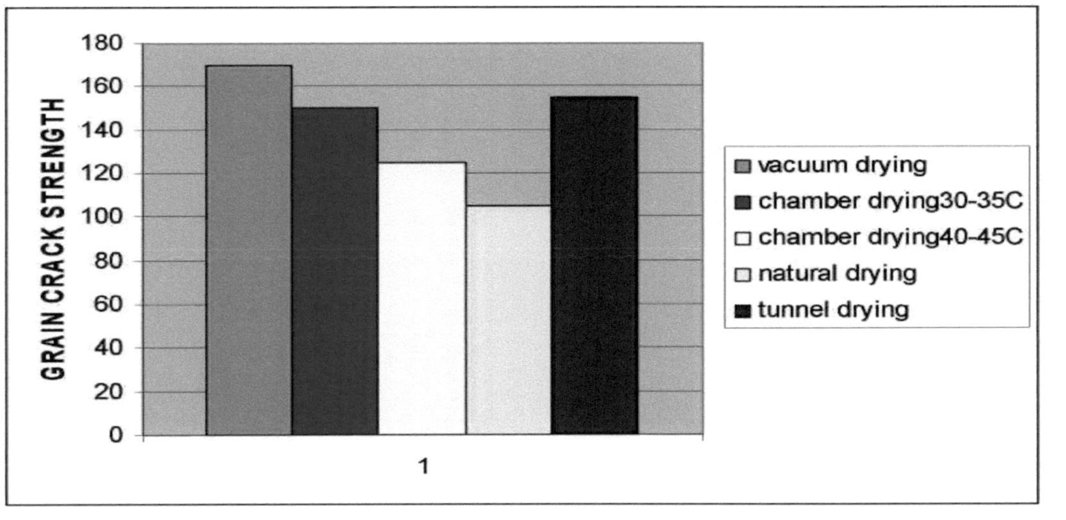

Figure 5.46   Grain Crack Strength for Goat Leather

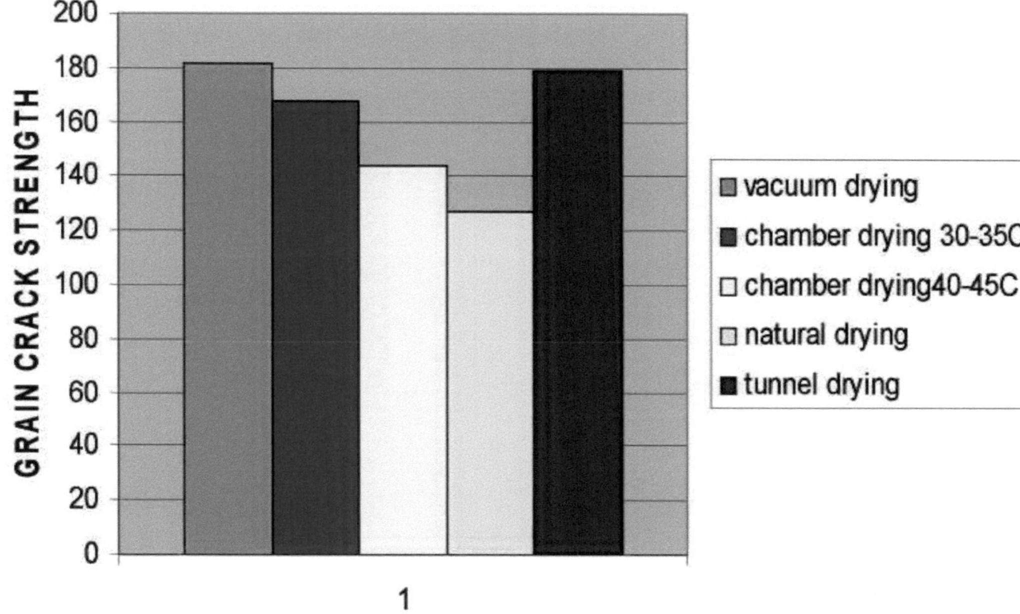

GRAIN CRACK STRENGTH
200
180
160
140
120
100
80
60
40
20
0
1
vacuum drying
chamber drying 30-35C
chamber drying40-45C
natural drying
tunnel drying

Figure 5.47   Grain Crack Strength for Buffalo Leather

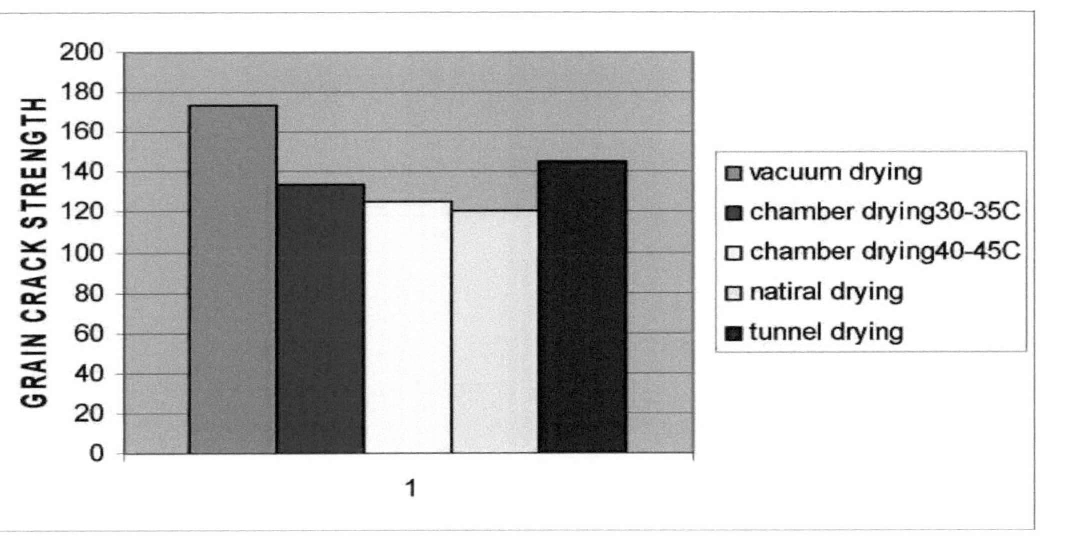

Figure 5.48   Grain Crack Strength for Suede Goat Leather

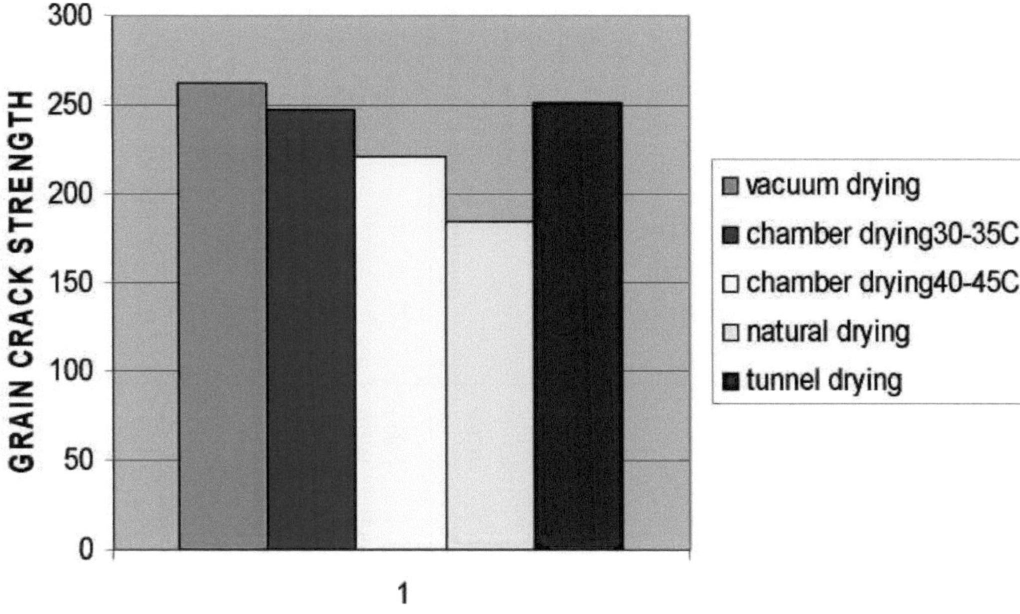

GRAIN CRACK STRENGTH
300
250
200
150
100
50
0
1
vacuum drying
chamber drying30-35C
chamber drying40-45C
natural drying
tunnel drying

5.6.3. RESISTÊNCIA AO RASGAMENTO DA LÍNGUA

Tabela 5.44 Resistência ao rasgo da língua para couro de vaca, pele de cabra, pele de búfalo
e couro de cabra camurça

Particulares	Máx. Carga (KN)	Deslocamento máximo. (mm)	Resistência ao rasgamento da língua
Couro de vaca (1,65 mm de espessura)			
Secagem por vácuo	0.07625	87.975	38.19
Secagem em câmara (a 30-35°C)	0.05125	74.455	30.589
Secagem em câmara (a 40-45°C)	0.0494	63.925	27.88
Secagem natural	0.0691	68.005	22.522
Secagem em túnel	0.0635	67.67	31.67
Pele de cabra (1 mm de espessura)	0.0246	70.50	17.748
Secagem por vácuo	0.01105	68.18	14.748
Secagem em câmara (a 30-35°C)	0.0146	61.17	12.95
Secagem em câmara (a 40-45°C)	0.0198	59.18	09.40
Secagem natural	0.0183	69.43	15.13
Secagem em túnel			
Couro de búfalo (1,45mm de espessura)			
secagem por vácuo	0.1008	63.24	62.546
Secagem em câmara (a 30-35°C)	0.0991	60.91	58.75
Secagem em câmara (a 40-45°C)	0.08785	71.755	57.41
Secagem natural	0.11405	74.715	49.49
Secagem em túnel	0.0994	61.48	59.32
Couro de cabra acamurçado (0,75 mm de			
Secagem por vácuo	0.01475	83.62	26.187
Secagem em câmara (a 30-35°C)	0.0213	57.245	24.133
Secagem em câmara (a 40-45°C)	0.0224	76.09	22.477
Secagem natural	0.0204	66.335	18.506
Secagem em túnel	0.0244	60.345	25.289

Figure 5.49   Tongue Tear Strength for Cow Leather

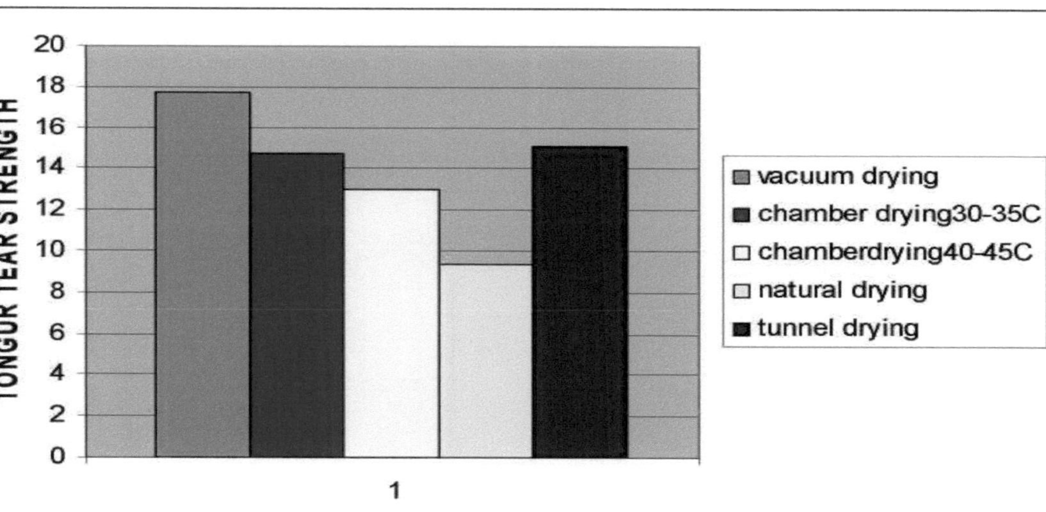

Figure 5.50   Tongue Tear Strength for Goat Leather

83

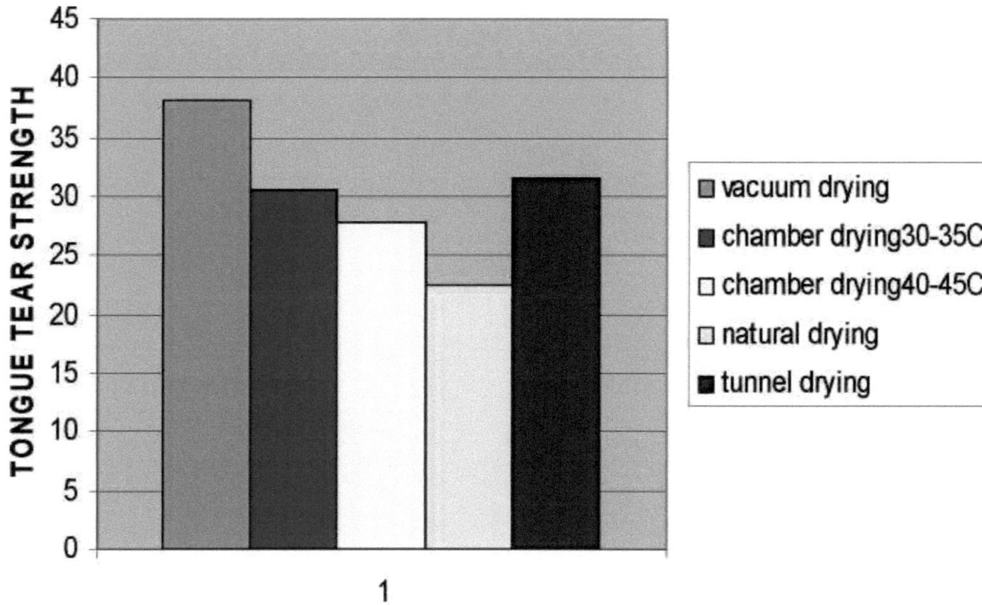

TONGUE TEAR STRENGTH
45
40
35
30
25
20
15
10
5
0
1
vacuum drying
chamber drying30-35C
chamber drying40-45C
natural drying
tunnel drying

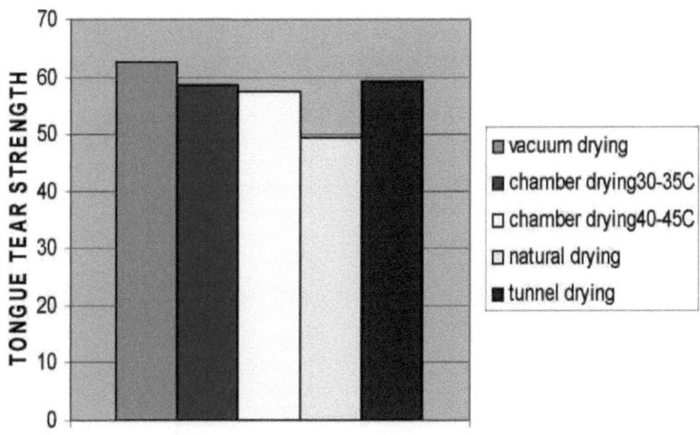

Figura 5.51 Resistência ao rasgamento da língua para couro de choque

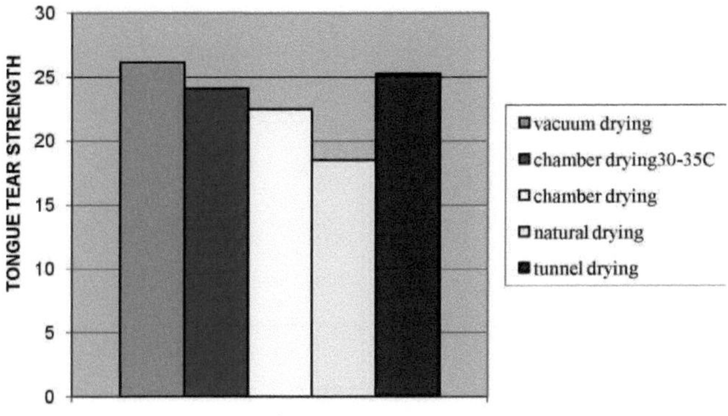

Figura 5.52 Couro de cabra de camurça resistente à lágrima

85

Tabela 5.45 RETENÇÃO DA ÁREA(%)

Particulares	Retenção de área (%)
COW LEATHER	
SECAGEM DE VÁCUO	105
secagem em câmara (a 30-35°C)	QO
Secagem em câmara (a 40-45°C)	90
Secagem natural	85
Secagem em túnel	90
Pele de cabra	
Secagem por vácuo	110
Secagem em câmara (a 30-35°C)	93
Secagem em câmara (a 40-45°C)	94
Secagem natural	92
Secagem em túnel	96
Esconde Búfalos	
Secagem por vácuo	
Secagem em câmara (a 30-35°C)	104
Secagem em câmara (a 40-45°C)	94
Secagem natural	93
Secagem em túnel	90
	92
Couro de cabra camurça	
Secagem por vácuo	105
Secagem em câmara (a 30-35°C)	92
Secagem em câmara (a 40-45°C)	92
Secagem natural	88
Secagem em túnel	95

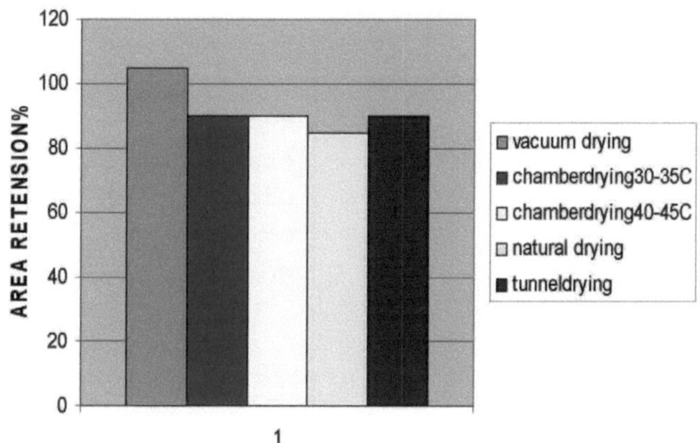

Figura 5.53 Extensão de área para amostra de vaca

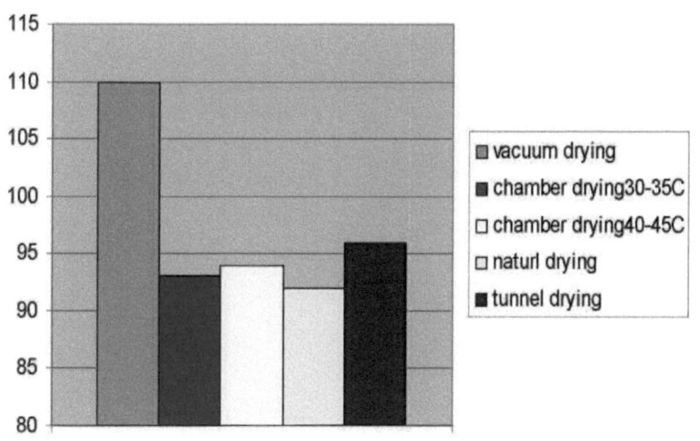

Figura 5.54 Extensão de área para amostra de cabra

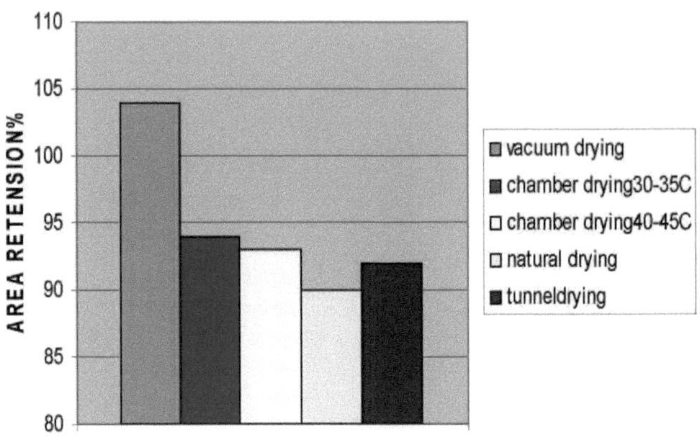

Figura 5.55 Extensão de área para couro de búfalo

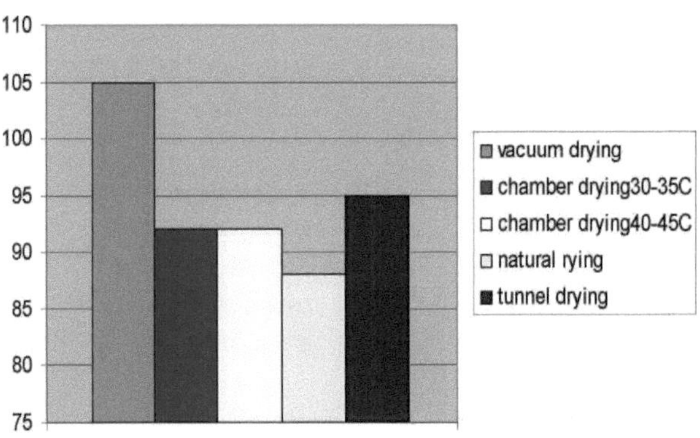

Figura 5.56 Extensão de área para couro de cabra acamurçado

<table>
<tr><td>Quadro 5.46</td><td colspan="2">RESISTÊNCIA AO RASGAMENTO DOS</td></tr>
<tr><td>Particulares</td><td>Máx. Carga (KN)</td><td>FORÇA DE TEARES (Kg/cm2)</td></tr>
<tr><td>COW LEATHER</td><td></td><td></td></tr>
<tr><td>Secagem por vácuo</td><td>0.4678</td><td>311</td></tr>
<tr><td>Secagem em câmara (a 30-35°c)</td><td>0.3467</td><td>304</td></tr>
<tr><td>secagem em câmara (a 40-45°C)</td><td>0.2876</td><td>300</td></tr>
<tr><td>Secagem natural</td><td>0.2217</td><td>295</td></tr>
<tr><td>Secagem em túnel</td><td>0.2045</td><td>305</td></tr>
<tr><td>PELE DE CABEÇA</td><td></td><td></td></tr>
<tr><td>Secagem por vácuo</td><td>0.1499</td><td>291</td></tr>
<tr><td>Secagem em câmara (a 30-35°C)</td><td>0.1200</td><td>288</td></tr>
<tr><td>Secagem em câmara (a 40-45°C)</td><td>0.1051</td><td>285</td></tr>
<tr><td>Secagem natural</td><td>0.0876</td><td>282</td></tr>
<tr><td>Secagem em túnel</td><td>0.1267</td><td>288</td></tr>
<tr><td>BUFFALO HIDE</td><td></td><td></td></tr>
<tr><td>Secagem por vácuo</td><td>0.4678</td><td>336</td></tr>
<tr><td>Secagem em câmara (a 30-35°C)</td><td>0.2745</td><td>332</td></tr>
<tr><td>Secagem em câmara (a 40-45°C)</td><td>0.2172</td><td>330</td></tr>
<tr><td>Secagem natural</td><td>0.2634</td><td>322</td></tr>
<tr><td>Secagem em túnel</td><td>0.3250</td><td>333</td></tr>
<tr><td>COURO DE CABRA ACAMURÇADO</td><td></td><td></td></tr>
<tr><td>Secagem por vácuo</td><td>0.8678</td><td>299</td></tr>
<tr><td>Secagem em câmara (a 30-35°C)</td><td>0.2099</td><td>297</td></tr>
<tr><td>Secagem em câmara (a 40-45°C)</td><td>0.1309</td><td>295</td></tr>
<tr><td>Secagem natural</td><td>0.1043</td><td>291</td></tr>
<tr><td>Secagem em túnel</td><td>0.1356</td><td>298</td></tr>
</table>

Figure 5.57   Stitch tear Strength for cow sample

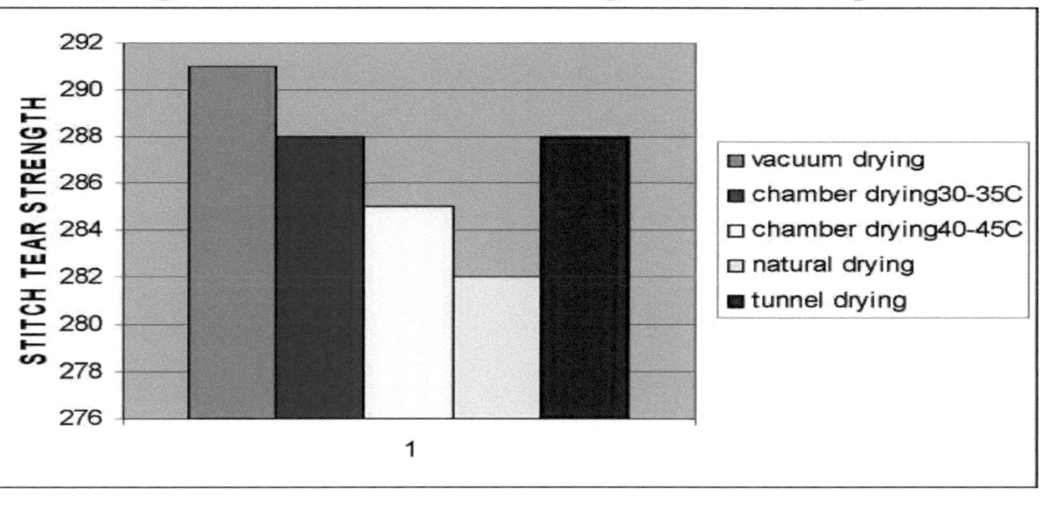

Figure 5.58   Stitch tear strength for goat sample

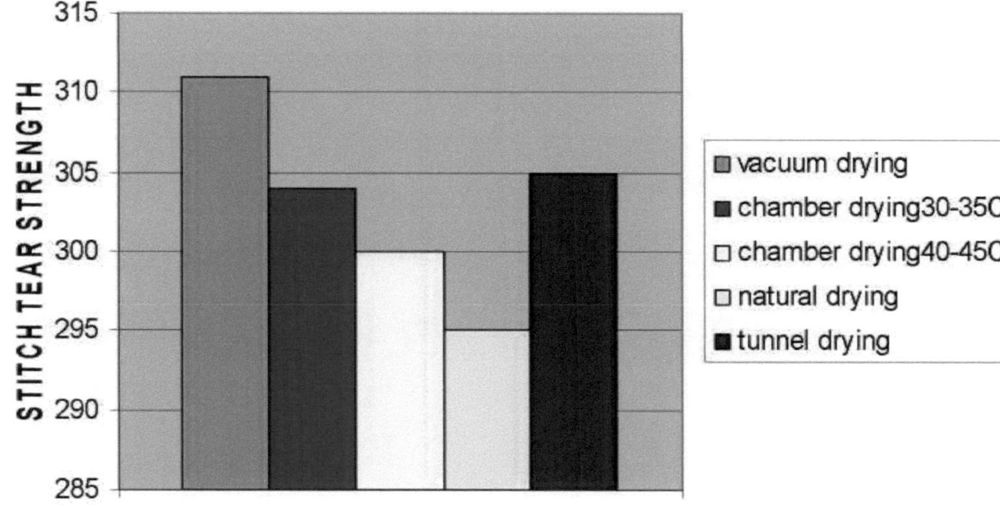

STITCH TEAR STRENGTH
315
310
305
300
295
290
285
vacuum drying
chamber drying30-35C
chamber drying40-45C
natural drying
tunnel drying

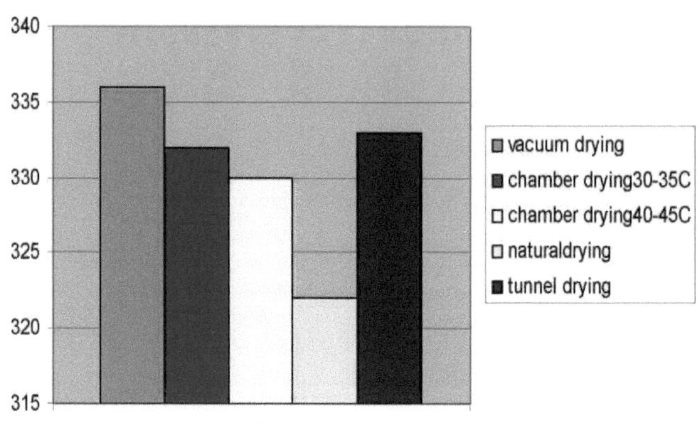

Figura 5.59 Resistência ao rasgamento dos pontos para amostra de búfalo

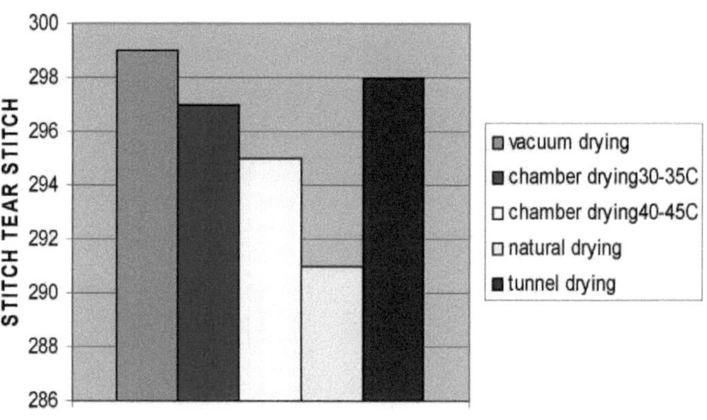

Figura 5.60 Resistência ao rasgamento por pontos para amostra de cabra acamurçada

5.7 AVALIAÇÃO VISUAL

Quadro 5.47 Avaliação visual da AMOSTRA DE COW

PROPRIEDADES	DRIER NATURAL	DESUMIDIFICADOR SECADOR 30-35C	DESUMIDIFICADOR SECADOR 40-45C	SECADORA DE VÁCUM	TUNNEL DRIER
SOFTNESS	3.5	4	4	4	4
SMOOTHNESS	3.5	4	4	4	4
COMPLETO	3.5	4	4	4.5	3.5

Quadro 5.48 Avaliação visual para AMOSTRA DE CABEÇA

PROPRIEDADES	DRIER NATURAL	DESUMIDIFICADOR SECADOR 30-35C	DESUMIDIFICADOR SECADOR 40-45C	SECADORA DE VÁCUM	TUNNEL DRIER
SOFTNESS	3.5	3.5	3.5	4	3.5
SMOOTHNESS	3.5	4	4	4	3.5
COMPLETO	3.5	4	3.5	4.5	3.5

Quadro 5.49 Avaliação visual para AMOSTRA DE BUFF

PROPRIEDADES	NATURAL DRIER	DEHUMIDIFICADOR DRIER 30-35C	DEHUMIDIFICADOR DRIER 40-45C	VACUUM DRIER	TUNNEL DRIER
SOFTNESS	3.5	4	4	4	4
SMOOTHNESS	3.5	4	4	4	3.5
COMPLETO	3.5	4	4	4.5	3.5

Quadro 5.50 Avaliação visual da AMOSTRA DE CABEÇA SUEDE

PROPRIEDADES	NATURAL DRIER	DESUMIDIFICADOR SECADOR 30-35C	DESUMIDIFICADOR SECADOR 40-45 ^{0C}	VACUUM DRIER	TUNNEL DRIER
SOFTNESS	3.5	4	4	4	4
SMOOTHNESS	3	3	3	3	3.5
COMPLETO	3.5	4	4	4.5	4

5.7.1 AMOSTRA DE VACA

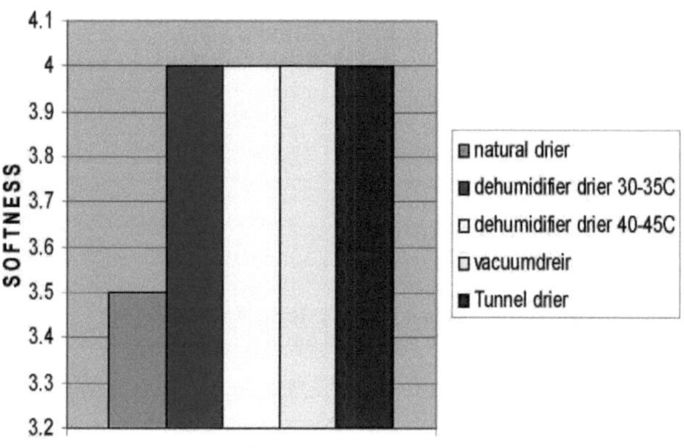

Figura 5.61 Avaliação visual para a suavidade da amostra de vaca

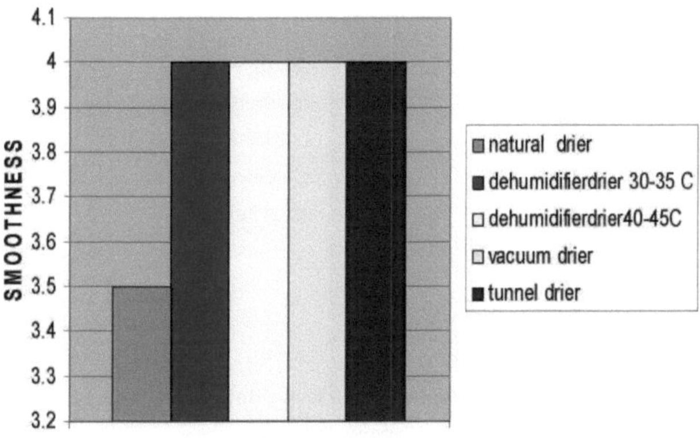

Figura 5.62 Avaliação visual para a suavidade da amostra de vaca

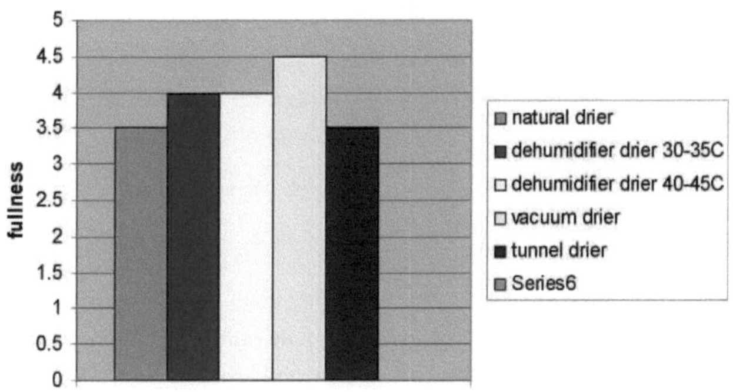

Figura 5.63 Avaliação Visual para a Amostragem da Plenitude da Vaca

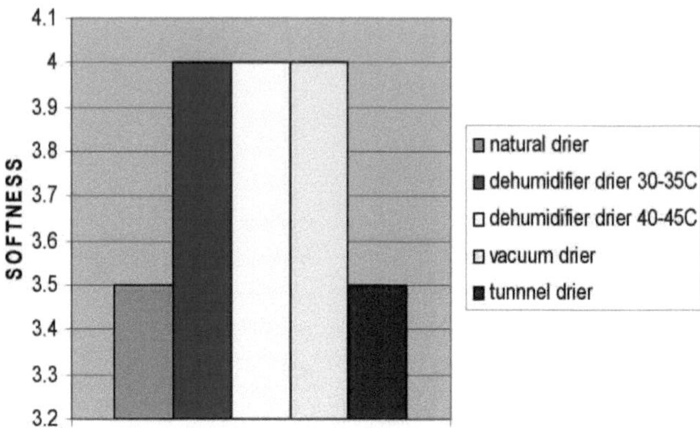

Figura 5.64 Avaliação visual para a suavidade da amostra de cabra

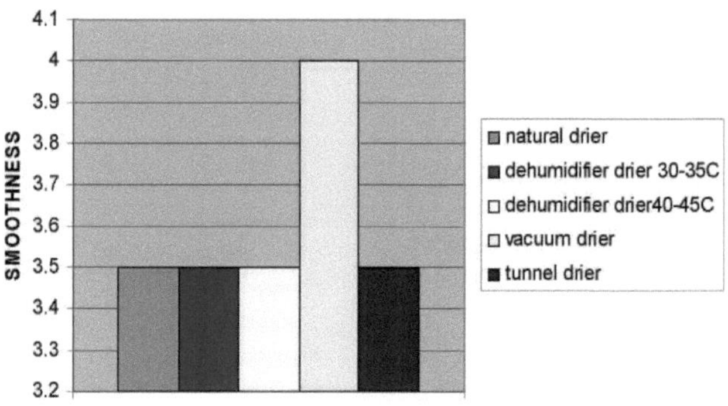

Figura 5.65 Avaliação visual para a suavidade da amostra de cabra

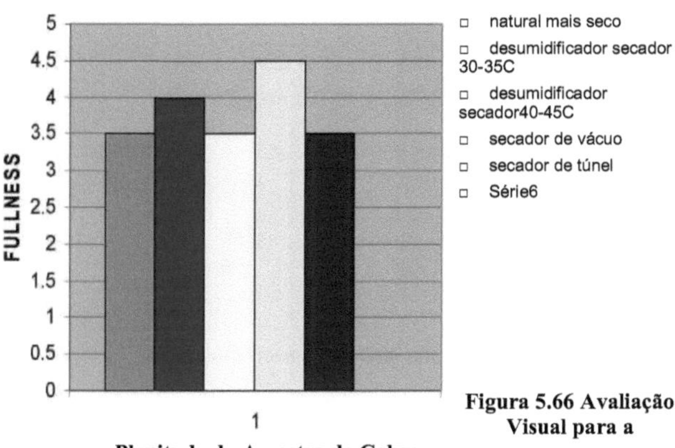

Plenitude da Amostra de Cabra

Figura 5.66 Avaliação Visual para a

5.7.3. AMOSTRA BUFFALO

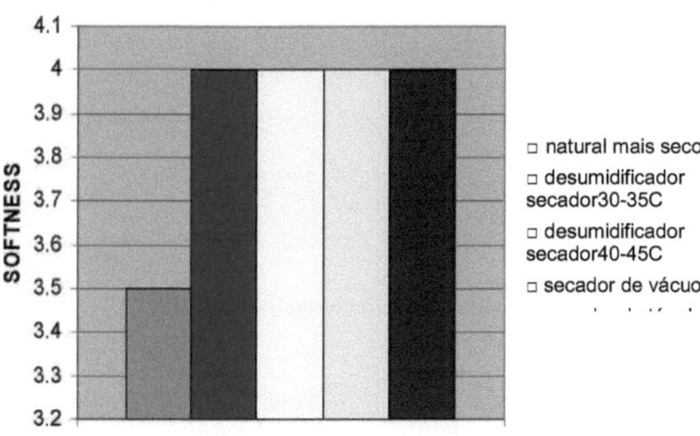

Figura 5.67 Avaliação visual para a suavidade da amostra de búfalo

97

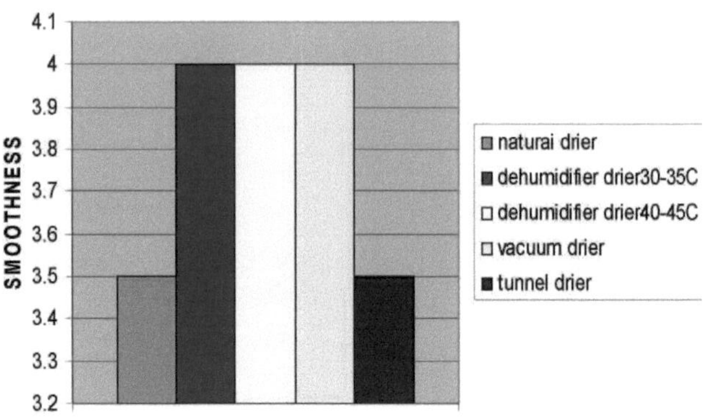

Figura 5.68 Avaliação visual para a suavidade da amostra de búfalo

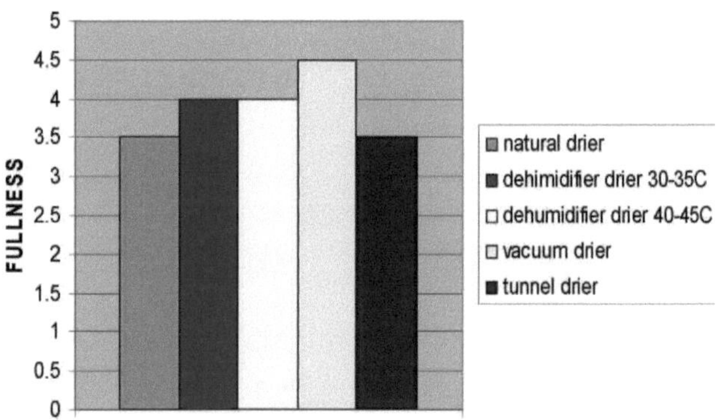

Figura 5.69 Avaliação visual para a plenitude da amostra de búfalo

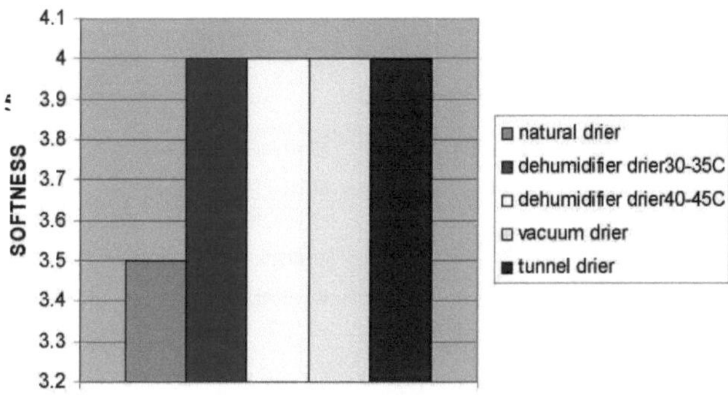

Figura 5.70 Avaliação visual para a suavidade da amostra de cabra acamurçada

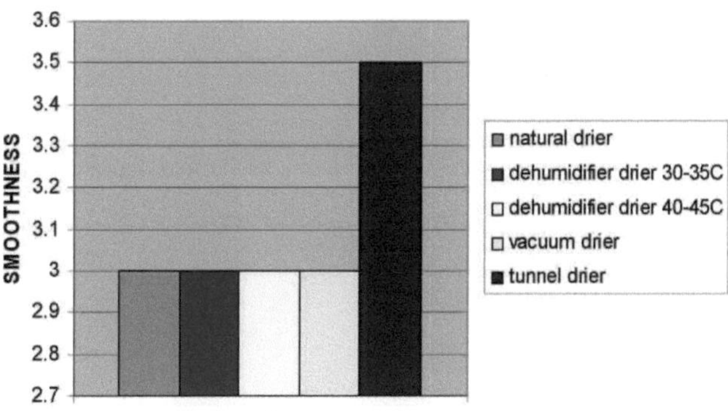

Figura 5.71 Avaliação visual para a suavidade da amostra de cabra acamurçada

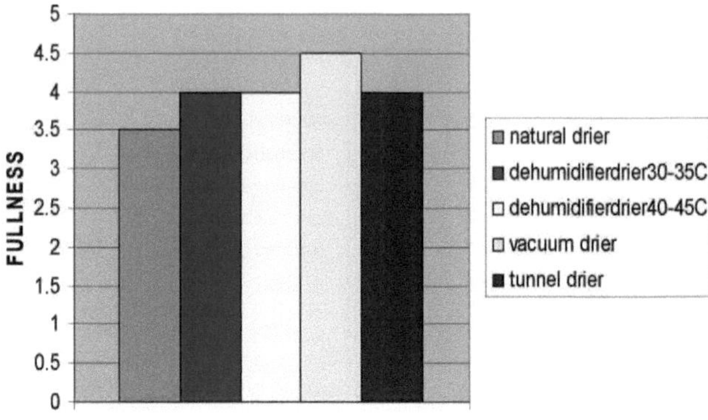

Figura 5.72 Avaliação visual para a plenitude da amostra de cabra acamurçada

5.8. DISCUSSÕES

A partir dos resultados acima referidos, notam-se várias características de secagem do couro, tais como o teor de humidade e a taxa de secagem. Verifica-se que o teor de humidade diminui à medida que o tempo avança. Isto é comprovado pela curva do teor de humidade do tempo Vs. A partir da curva do tempo Vs de teor de humidade, notamos que a humidade presente no couro é maior durante o período inicial de secagem. À medida que o tempo avança, a humidade diminui e finalmente atinge um valor constante.

A partir do tempo Vs taxa de curva de secagem, encontramos teor crítico de humidade, taxa constante de secagem, água ligada e água não ligada. A quantidade de água ligada é superior à quantidade de água não ligada. Isto foi provado experimentalmente.

Mas para a secagem a vácuo não há um período de taxa constante; vai directamente para o período de taxa de queda. Isto foi provado cedo (K. Bienkiewicz,1983 JALCA, 96º volume) e os nossos resultados também coincidiram com isso.

A partir de tabelas de resistência à tracção, resistência à fissura do grão e resistência ao rasgamento da língua descobrimos que o couro seco sob vácuo tem mais resistência à tracção, à fissura do grão e ao rasgamento da língua. À medida que a temperatura aumenta, a resistência diminui. Para uma secagem natural, a resistência depende da temperatura e da velocidade do ar. Entre todas as peles secas, a pele de búfalo tem mais resistência, particularmente sob a técnica de secagem a vácuo.

CAPÍTULO 6

CONCLUSÕES

Estas experiências visam obter uma imagem clara de como a variável de secagem afecta as propriedades mecânicas dos couros secos. Os dados indicam claramente que um tempo de secagem mais curto e um teor inicial de água adequado são condições favoráveis para produzir couros mais fortes e mais macios. Explorámos a possibilidade de utilizar a quantidade de massa, tal como a taxa de secagem, para generalizar a relação entre as variáveis de secagem e as propriedades mecânicas. A partir destas experiências, concluímos dizendo que embora o processo de secagem a vácuo seja muito dispendioso, finalmente obteremos couros mais fortes e mais macios, que têm uma elevada resistência à tracção, resistência à fissura do grão e resistência ao rasgamento da língua. Para que não sofram qualquer desgaste durante os processos de acabamento. Assim, os couros secos a vácuo são considerados os melhores em comparação com os couros secos em câmara e os naturais secos. Assim, o secador a vácuo é o melhor secador e pode ser eficientemente utilizado.

REFERÊNCIAS

1. *Study to Support New Source Performance Standards for the Dry Cleaning Industry,* EPA Contract No. 68-02-1412, TRW, Inc., Vienna, VA, Maio de 1976.

2. *Perchloroethylene Dry Cleaners - Background Information for Proposed Standards,* EPA-450/3-79-029a, U. S. Environmental Protection Agency, Research Triangle Park, NC, Agosto de 1980.

3. *Control of Volatile Organic Emissions from Perchloroethylene Dry Cleaning Systems,* EPA-450/2-78-050, U. S. Environmental Protection Agency, Research Triangle Park, NC, Dezembro de 1978.

4. *Control of Volatile Organic Emissions from Petroleum Dry Cleaners (Draft)*, Office of Air Quality Planning and Standards, U. S. Environmental Protection Agency, Research Triangle Park, NC, Fevereiro de 1981. 4.1-6 Factores de Emissões (Reformatado 1/95) 4/81

5. K. Bienkiewicz, *Physical Chemistry of Leather making,* Krieger Publishing Co., Malabar, FL, 1983.

6. *Development Document for Effluent Limitations Guidelines and Standards for the Leather Tanning and Finishing Point Source Category*, EPA-440/1-82-016, U. S. Environmental Protection Agency, Research Triangle Park, NC, Novembro, 1982.

7. *1992 Censo dos Fabricantes,* Departamento de Comércio dos EUA, Departamento de Censos, Washington, DC, Abril de 1995.

8. M. T. Roberts e D. Etherington, *Bookbinding and the Conservation of Books, A Dictionary of Descriptive Terminology.*

9. T. C. Thorstensen, *Practical Leather Technology,* 4th Ed., Krieger Publishing Co.,

Malabar, FL, 1993. 6/97 Food And Agricultural Industry 9.15-5

10.   Locating and Estimating Air Emissions from Sources of Chromium, EPA-450/4- 84-007g, U. S.

ÍNDICE